U0381875

本书为国家社科基金项目（09BZZ040）成果，受湖南师范大学政治学国内一流培育学科资助

改革开放以来中国地方政府环境治理能力研究

肖建华　游高端◎著

中国社会科学出版社

图书在版编目（CIP）数据

改革开放以来中国地方政府环境治理能力研究／肖建华，游高端著．—北京：中国社会科学出版社，2020．7

ISBN 978-7-5203-6722-6

Ⅰ．①改…　Ⅱ．①肖…②游…　Ⅲ．①地方政府—环境综合整治—研究—中国　Ⅳ．①X321．2

中国版本图书馆 CIP 数据核字（2020）第 113371 号

出 版 人　赵剑英
责任编辑　梁剑琴
责任校对　周　昊
责任印制　郝美娜

出　　版　中国社会科学出版社
社　　址　北京鼓楼西大街甲 158 号
邮　　编　100720
网　　址　http：//www. csspw. cn
发 行 部　010-84083685
门 市 部　010-84029450
经　　销　新华书店及其他书店

印　　刷　北京君升印刷有限公司
装　　订　廊坊市广阳区广增装订厂
版　　次　2020 年 7 月第 1 版
印　　次　2020 年 7 月第 1 次印刷

开　　本　710×1000　1/16
印　　张　13．75
插　　页　2
字　　数　219 千字
定　　价　78．00 元

目　　录

图表目录

第一章　导论

第一节　研究背景与研究意义

全球气候变暖、生物多样化减少、酸雨、全球森林危机、水资源状况恶化、毒害物质污染、臭氧层耗竭、土壤退化已成为 20 世纪后半叶以来人类遭遇的八大生态环境问题。以地球失衡、生态破坏、人口爆炸、环境退化为特征的生态环境问题正把人类逼进史无前例的生存危机之中。这是一场没有边界的危机，这种危机“较之人类任何时期所曾遇到的都更具有全球性、突然性、不可避免性和困惑不可知性”[①]。越来越多的科学家、哲学家预言，21 世纪人类面临的长期最大的敌人是全球生态环境的恶化。生态环境问题也是我国当前面临的一个重要的社会问题。根据世界银行的数据，世界上污染程度最高的城市大部分都位于中国。[②] 2005 年 1 月，全球“环境可持续发展指数”（ESI），中国位于第 133 位，全球倒数第 12 位。截至 2007 年，中国的国土被酸雨侵蚀，工业危险废物处置率仅为 32%，1/3 的城市人口呼吸着污染的空气，1/4 人口饮用不合格的水，全球污染最严重的 10 个城市中，中国占 5 个。[③] 2010 年，耶鲁大学发布的“全球环境绩效指数报告”（Environmental Performance Index Report）评估了诸如国民健康、空气和水污染等指标，在这份报告里，中国在 163 个国

---

① ［美］芭芭拉·沃德、勒内·杜博斯：《只有一个地球》，国外公害从书编委会译校，吉林人民出版社 1997 年版，第 16 页。

② 参见［德］托马斯·海贝勒、［德］迪特·格鲁诺、李惠斌《中国与德国的环境治理：比较的视角》，杨惠颖等译，中央编译出版社 2012 年版，“中文版序言”，第 1 页。

③ 黄晓云：《生态政治理论体系研究》，博士学位论文，华中师范大学，2007 年。

家中排在第121位。[①] 中华社会救助基金会中国水安全公益基金2014年的检测结果显示，约占抽检城市总数的52%城市的20项饮用水指标全部合格，约占抽检城市总数48%的城市存在一项或多项指标不合格的情况。[②] 近年来，我国大气污染日益严峻，雾霾天气肆虐，且几乎常态化。2014年74个城市中空气质量达到国家标准的只有8个。

我国环境污染问题究竟多严重？原环保部部长陈吉宁曾表示，相对经济的增长，我国环境排污强度，已经超过历史上最高的两个国家——德国和日本的2—3倍。[③] 可见，改革开放以来，我国在实现宏观经济快速持续增长方面取得了令世人瞩目的成就，但伴随而来的生态环境恶化与经济发展之间的两难冲突也日趋激化。中国在发展经济，实现现代化的过程中积累的生态环境问题已成为经济进一步发展的瓶颈。中国每年的GDP中有1%用于环境保护，但与此同时，污染和环境退化占GDP总量的比例则为8%—13%[④]。在社会政治方面，不断恶化的环境形势引发了许多国内问题。根据官方统计数据，2005年，中国发生了51万起与环境污染有关的冲突。其中70%发生在乡村，因为环境的严重退化在农村地区带来的影响尤甚[⑤]。

当前，生态环境方面的挑战成为敏感的国家政治问题，生态环境成为中国经济社会发展的瓶颈在更深层次上被广泛认同。中国开始把生态环境问题有机地融合到国家政治、经济生活中，谋求经济社会的可持续发展。近年来，中国领导人开始认识到中国环境问题的严重性，并已经采取措施来消除其影响。2007年，OECD认为中国的中央政府已对生态环境问题投入了很大关注，主要是制定包含一系列现代环境保护法律在内的政策纲领及不断增加环境保护支出。加强环境保护和实施可持续发展战略在党的十六大提出。党的十六届五中全会提出建设资源节约型和环境友好型社会战

① 爱学术网：《全球环境绩效指数报告（2010年）》，http：//epi. Yale. Edu/Countries。

② 人民网：《中国29城市水质报告：48%存在不合格情况》，http：//env. people. com. cn/n/2015/0305/c1010-26639350. html。

③ 陈吉宁：《我国环境排污强度已超历史最高的德日》，http：//news. sohu. com/20150307/n409460582. shtml。

④ 参见 http：//www. chinaday. com. cn/China/2006-06/06 content_　609350. htm。

⑤ 参见［德］托马斯·海贝勒、［德］迪特·格鲁诺、李惠斌《中国与德国的环境治理：比较的视角》，杨惠颖等译，中央编译出版社2012年版，“中文版序言”，第2页。

略。“‘地方’作为追求可持续发展的一个主要场所最近已获得认可”①，全国资源节约型和环境友好型社会建设综合配套改革试验区于 2007 年年底落户武汉城市圈和长株潭城市群。但在我国，“虽然中央层面极度重视环保，地方政府对保护当地环境却并无积极性，甚至反而保护环境污染”②。有学者指出，我国环境问题上的政府失灵，严格地说是地方政府的失灵。③ 在中国，环保的困境有目共睹。而地方政府的“不作为”“不当作为”，仍在加剧这种困境。由此看来，地方政府环境治理能力的强弱不仅是衡量地方各级政府良莠的一项客观标准，而且是实现我国资源节约型、环境友好型社会战略的一个至关重要的内生变量。由此，也决定了本书在选题上的重大理论意义和实践价值。

第二节　相关文献研究述评

一　国外研究述评

对政府能力的研究由来已久。关于政府能力内涵的界定，D. C. 斯通、A. 布朗、G. D. 施贝斯曼等人均有不同的主张。当代制度主义学派的主要人物缪尔达对政府能力与国家发展尤为重视。公共选择学派以布坎南为代表，该学派旨在克服政府干预的局限性和缺陷，所以特别关注国家能力的有限性。

进入 20 世纪以来，生态环境危机问题已逐渐由区域性问题变为全球性问题。严重的生态环境危机不仅影响到区域社会的可持续发展，而且构成了国家和地区的安全问题——环境安全。面对生态环境危机，国外学者们提出的解决之道无外乎“利维坦”和私有化两种方案。然而理论和实践已证明：私有化—市场、中央集权—利维坦作为环境问题的解决方案均已遭遇失败。埃莉诺·奥斯特罗姆（2000）运用博弈论探讨了在政府和

① Harriet Bulkeley, “Down to Earth: local government and greenhouse policy in Australia”, *Australian Geographer*, 31 (3): 29.

② 高军、杜学文：《宪政视野中的当代中国环境危机》，《武汉理工大学学报》（社会科学版）2008 年第 2 期。

③ 许庆明：《试析环境问题上的政府失灵》，《管理世界》2001 年第 5 期。

市场之外的自主治理公共池塘资源理论上的可能性，提出了自主组织和自主治理公共事务的集体行动理论。[①] 迈克尔·麦金尼斯（2000）在《多中心治道与发展》[②] 一书中提出，全面的、持续的发展基础，靠的是地方社群的自主治理能力，以及以此为基础的多中心治理的多层次的制度框架。田春秀（2003）在《全球环境管理的现状与展望》[③] 一文中提出，在玻利维亚、菲律宾、印度某些州或邦及其他地区采取的更为真正意义上的环境管理地方化，取得了很好的结果，使人们相信如果执行得好，环境管理地方化可以使环境决策既能为地方人民所接受，又能达到环境管理目标。托马斯·思德纳（2005）在《环境与自然资源管理的政策工具》[④] 一书中提出，环境激励政策和其他政策都必须与现有的社会情况和制度相匹配，而且在应用它们的同时也必须进行能力建设。丹尼尔·A. 科尔曼（2006）在《生态政治：建设一个绿色社会》[⑤] 一书中提出，环境灾难的真正原因深深扎根于人类事务的政治之中，化解之道自然也存乎其中。通过确立生态责任、参与型民主、环境正义、社区行动等价值观，生态型政治战略是可以行之有效的。罗伯特·阿格拉诺夫、迈克尔·麦圭尔（2007）在《协作性公共管理：地方政府新战略》[⑥] 一书中提出："地方政府是一个国家政治制度的重要组成部分，不了解前者，就不能了解后者。每一个国家只有一个中央政府，却有多个地方政府。地方政府与民众的日常生活更为息息相关，与多样性的地理和社会生态环境的联系更为密切。"

从来自世界银行、联合国开发署、经合发组织、美国、英国、韩国、德国等的报告或学术文献中，可以看出国外学术界对改革开放以来中国政府的环境政策和环境治理能力进行了较为深入的研究。保护环境和自然资

---

① ［美］埃莉诺·奥斯特罗姆：《公共事物的治理之道——集体行动制度的演进》，余逊达、陈旭东译，上海三联书店 2000 年版。

② ［美］迈克尔·麦金尼斯：《多中心治道与发展》，毛寿龙译，上海三联书店 2000 年版。

③ 田春秀：《全球环境管理的现状与展望》，《环境保护》2003 年第 11 期。

④ ［瑞典］托马斯·思德纳：《环境与自然资源管理的政策工具》，张蔚文、黄祖辉译，上海人民出版社 2005 年版。

⑤ ［美］丹尼尔·A. 科尔曼：《生态政治：建设一个绿色社会》，梅俊杰译，上海译文出版社 2006 年版。

⑥ ［美］罗伯特·阿格拉诺夫、迈克尔·麦圭尔：《协作性公共管理：地方政府新战略》，李玲玲、鄞益奋译，北京大学出版社 2007 年版。

源，在 1997 年世界银行的发展报告[①]中被认为是政府的五项核心使命之一。1998—1999 年世界银行的发展报告[②]指出，治理污染，提高环境质量，是可持续发展的重要条件，各国政府和国际组织的直接行动，是至关重要的，但是也需要发挥地方的积极性。研究中国问题的美国专家李侃如教授（Kenneth Lieberthal）（1997）在《中国的治理体制及其对环境政策执行的影响》[③]（*China's Governing System and Its Impacton Environmental Policy Implementation*）一书中指出："中国目前的政治系统体现了松散和流动性，地方多样性和自主空间很大，地方政府优先发展经济的压力巨大。因此，环境法律法规的执行非常有限，环保部门处于以短期经济发展而非长期可持续发展为目标的地方政府的领导之下。"伊丽莎白·伊科诺米（2007）的《中国环境保护的实施情况》一文探讨了中国在环保实施方面的成功与不足。[④]阿拉斯戴尔·麦克比恩（2008）的《中国的环境：问题与政策》一文指出了中国所存在的一系列环境问题及其严重性，分析了中国在环境保护上所存在的各种障碍和问题，并对中国的环境保护提出了改进的建议。[⑤]李周炯（2009）在《中国环境政策执行存在的问题及对策》一文中认为：中国环境问题解决的关键在于环境政策制定以后是否真正及时地被执行到位。[⑥]荷兰阿姆斯特丹大学环境法教授本杰明·卢伊（Benjamin Van Rooij）（2012）认为，地方政府对于环境法律宽松的执行可以归根于环境法律在地方层面缺乏认同，这是由中央政府的法律制定者和地方的利益相关者之间的利益冲突造成的。理查德·埃德蒙在《环境

① 世界银行：《1997 年世界发展报告：变革世界中的政府》，中国财政经济出版社 1998 年版。

② 世界银行：《1998—1999 年世界发展报告：知识与发展》，中国财政经济出版社 1999 年版。

③ Lieberthal, K., *China's Governing System and Its Impact on Environmental Policy Implementation ChinaEnvironment Series*, Washington, D.C.: Woodrow Wilson, 1997.

④ ［美］伊丽莎白·伊科诺米：《中国环境保护的实施情况》，程仁桃摘译，《国外理论动态》2007 年第 4 期。

⑤ ［英］阿拉斯戴尔·麦克比恩：《中国的环境：问题与政策》，李平摘译，《国外理论动态》2008 年第 6 期。

⑥ ［韩］李周炯：《中国环境政策执行存在的问题及对策》，《国家行政学院学报》2009 年第 4 期。

问题对中国政治与社会的塑造作用》一文中讨论了中国环境问题研究的发展、中国的环境政策如何兴起、中国与气候变化政策等议题。[①] 托马斯·海贝勒、安雅·森茨（2012）在《沟通、激励和监控对地方行为的影响——中国地方环境政策的案例研究》一文中特别探讨中国对于政策执行和干部行为的考核体系是如何改变了政策执行的沟通和激励的基本结构。因地制宜执行政策的新激励方式，对于更好地理解分权制的作用和凭借创新做好地方环境工作至关重要。[②] 阿瑟·摩尔、贺桂珍、张磊（2012）在《作为环境风险管理的信息公开：在中国的发展》一文中对中国环境信息公开政策的新近实践和履行情况进行了评价。[③] 美国外交关系委员会亚洲事物高级研究员易明（Elizabeth Economy）在《一江黑水》[④]一书中指出，中央政府给地方太多权力，但却无力控制其政策执行。中央的环境政策不能得到有效执行的原因是地方政府官员的反对或阳奉阴违。

综上所述，虽然国外学术界对改革开放以来中国政府的环境政策和环境治理有所研究，但系统研究中国地方政府环境治理及治理能力方面的成果并不多见。

二 国内研究述评

1. 政府能力问题的国内研究

自20世纪90年代以来，国内学者开始对政府能力展开了探索性研究，政府能力日益成为我国一个富有活力的重要研究领域。国内学术界关于政府能力问题的研究最初是在经济学领域进行的，是始于对政府财力问题的研究，针对的是中央政府和地方政府的关系。如王绍光、胡鞍钢（1993）[⑤] 两人率先从经济学领域对政府财力问题进行分析；尔后，辛向阳（1994）[⑥] 首次将政府能力作为中国行政改革过程中的一个基本问题来

---

① 参见［德］托马斯·海贝勒、［德］迪特·格鲁诺、李惠斌《中国与德国的环境治理：比较的视角》，杨惠颖等译，中央编译出版社2012年版。

② 同上。

③ 同上。

④ 参见冉冉《“压力型体制”下的政治激励与地方环境治理》，《经济社会体制比较》2013年第3期。

⑤ 王绍光、胡鞍刚：《中国国家能力报告》，辽宁人民出版社1993年版。

⑥ 辛向阳：《政府职能的国际比较》，《社会科学》1994年第1期。

思考。刘世军（1997）[①] 把“政治生产力”作为衡量政府能力的一个重要参数，并提出了政府能力的四个基本向度，得出了政府能力的四种组合模式；陈炳水（1998）[②] 分析了政府能力产生的历史条件，提出了衡量政府能力大小的两个标准：政府的权威性和政府的有效性；施雪华（1998）[③] 在《政府权能理论》著作及相应的论文中对政府能力的概念、特征、分类、生长、发展及其与其他范畴的关系等基本问题进行了深入细致的论述；金太军（1998）[④]、陈国权（1999）[⑤] 对政府能力与政府职能的关系进行了探讨；杜钢建（2000）[⑥] 对政府能力进行了定量研究，并从界定度、自主度等八个方面按照五个级度对政府规制能力的评估进行了积极的尝试；汪永成（2001）[⑦] 对 2001 年以前国内学术界关于政府能力研究的文献进行了初步梳理和总结，提出了政府能力的一个分析框架，即政府能力的总量、结构与功能，并概述了政府能力结构的两个分析维度：政府能力内部构成要素的结构分析和政府外显能力的结构分析；北京大学张国庆教授[⑧]于 2002 年 5 月主编的《行政管理学概论》教材在国内的行政学教科书中首次以“现代政府能力”为章节（第十八章），将政府能力纳入教科书的结构体系之中，这可以说是中国行政学界关于该问题研究取得进展的一个重要标志。

2. 地方政府能力问题的国内研究

近几年，国内学术界研究地方政府的论著日渐增多，同时翻译了一系列的地方政府治理的译丛，说明了地方政府及地方治理日渐成为国内学术界的研究热点。一些学者如周平（2002）[⑨] 专门针对西部地区政府能力进

---

① 刘世军：《现代化过程中的政府能力》，《中共福建省委党校学报》1997 年第 2 期。

② 陈炳水：《政府能力初论》，《浙江社会科学》1998 年第 3 期。

③ 施雪华：《政府权能理论》，浙江人民出版社 1998 年版。

④ 金太军：《政府职能与政府能力》，《中国行政管理》1998 年第 12 期。

⑤ 陈国权：《政府能力的有限性与政府机构改革》，《求索》1999 年第 4 期。

⑥ 杜钢建：《政府能力建设与规制能力评估》，《政治学研究》2000 年第 2 期。

⑦ 汪永成：《中国现代化进程的政府能力——国内学术界关于政府能力研究的现状与展望》，《政治学研究》2001 年第 4 期。

⑧ 张国庆：《行政管理学概论》，北京大学出版社 2002 年版。

⑨ 周平：《县级政府能力的构成和评估》，《思想战线》2002 年第 2 期。

行了分析，提出了县级政府能力的评估方法。吴家庆（2004）[①] 深入分析了地方政府能力的含义、构成要素、影响因素及其提升措施。张钢等(2005)[②]、邹再进等（2005）[③] 对地方政府能力评价及比较进行了探索性研究。

3. 地方政府环境治理能力问题的国内研究

改革开放以来，我国在实现宏观经济快速持续增长方面取得了令世人瞩目的成就，但伴随而来的生态环境恶化与经济发展之间的两难冲突也日趋激化。这引起了学术界的重视，环境公共管理的研究悄然兴起。肖巍[④]、钱箭星[⑤]、李挚萍[⑥]、夏光[⑦]、高小平[⑧]、方世南[⑨]等学者主要注重于生态环境治理中政府的职能作用方面的探讨。环境问题上的政府失灵，严格地说是地方政府的失灵。近年来，学者们开始注重地方环境治理方面的研究。一些学者如张玉林、顾金土[⑩]、于建嵘[⑪]、李挚萍[⑫]等探讨了农村环境污染及治理问题；一些学者如蓝文艺[⑬]、胡静[⑭]等研究了地方政府环境责任冲突的问题。杨海生教授等[⑮]从环境政策的角度对我国省份间的竞争和博弈行为进行了实证检验，探讨了如何规范地方政府环境政策的竞争行

① 吴家庆、徐容雅：《地方政府能力刍议》，《湖南师范大学社会科学学报》2004 年第 2 期。

② 张钢、徐贤春：《地方政府能力的评价与规划——以浙江省 11 个城市为例》，《政治学研究》2005 年第 2 期。

③ 邹再进、张继良：《中国地方政府能力评价研究》，《云南财贸学院学报》2005 年第 10 期。

④ 肖魏、钱箭星：《环境治理中的政府行为》，《复旦学报》（社会科学版）2003 年第 3 期。

⑤ 钱箭星：《生态环境治理之道》，中国环境科学出版社 2008 年版。

⑥ 李挚萍：《20 世纪政府环境管制的三个演进时代》，《学术研究》2005 年第 6 期。

⑦ 夏光：《环境政策创新——环境政策的经济分析》，中国环境科学出版社 2002 年版。

⑧ 高小平：《落实科学发展观　加强生态行政管理》，《中国行政管理》2004 年第 5 期。

⑨ 方世南：《环境友好型社会与政府的环境责任》，《马克思主义研究》2007 年第 7 期。

⑩ 张玉林、顾金土：《环境污染背景下的“三农”问题》，《战略与管理》2003 年第 3 期。

⑪ 于建嵘：《当前农村环境污染冲突的主要特征及对策》，《世界环境》2008 年第 1 期。

⑫ 李挚萍：《社会转型中农民环境权益的保护——以广东省为例》，《中山大学学报》（社会科学版）2007 年第 4 期。

⑬ 蓝文艺：《环境行政责任缺失纵深分析——为建立环境行政执法责任制所进行的环境行政责任缺失调研报告》，《环境科学与管理》2007 年第 4 期。

⑭ 胡静：《地方政府环境责任冲突及其化解》，《河北法学》2008 年第 3 期。

⑮ 杨海生、陈少凌、周永章：《地方政府竞争与环境政策——来自中国省份数据的证据》，《南方经济》2008 年第 6 期。

为的问题。一些学者如郎友兴[①]、胡若隐[②]、陈坤[③]、施祖麟[④]、陶希东[⑤]等则基于区域公共管理的视角考量了跨区域环境公共事务的地方政府合作治理的问题。齐晔教授等[⑥]探讨了我国地方政府环境监管无动力、无能力、无压力的“三无力”问题的各种制度和体制原因，并结合中国现状提出了进行改善的可行性意见。周黎安博士[⑦]则从政治经济学的角度出发，探究改革开放三十年来中国地方官员的激励与治理问题。杨雪冬、赖海榕[⑧]两位学者从历史的角度对过去30年来我国地方政府和地方治理具体领域发生的变化进行描述，给予分析，指出我国地方的复兴不仅是地方政府主体性的增强，更是地方治理的多元化。李金龙、游高端[⑨]对地方政府环境治理能力提升的路径依赖及其创新进行了开创性研究。游高端[⑩]、陈一航[⑪]的硕士学位论文对地方政府环境治理能力进行了探索性研究。

综上所述，虽然国内学术界对改革开放以来中国地方政府的环境政策和环境治理有所研究，但从总体上来看，目前学术界对地方政府环境治理能力的研究还是一个比较薄弱的领域。

---

① 郎友兴：《走向共赢的格局：中国环境治理与地方政府跨区域合作》，《宁波党校学报》2007年第2期。

② 胡若隐：《从地方分治到参与共治》，北京大学出版社2012年版。

③ 陈坤：《从直接管制到民主协商——长江流域水污染防治立法协调与法制环境建设研究》，复旦大学出版社2011年版。

④ 施祖麟、毕亮亮：《我国跨行政区河流域水污染治理管理机制的研究——以江浙边界水污染治理为例》，《中国人口·资源与环境》2009年第3期。

⑤ 陶希东：《中国跨界区域管理：理论与实践探索》，上海社会科学院出版社2010年版。

⑥ 齐晔等：《中国环境监管体制研究》，上海三联书店2008年版。

⑦ 周黎安：《转型中的地方政府：官员激励与治理》，上海人民出版社2008年版。

⑧ 杨雪冬、赖海榕：《地方的复兴：地方治理改革三十年》，社会科学文献出版社2009年版。

⑨ 李金龙、游高端：《地方政府环境治理能力提升的路径依赖与创新》，《求实》2009年第2期。

⑩ 游高端：《环境友好型社会建设中地方政府环境治理能力研究》，硕士学位论文，湖南大学，2009年。

⑪ 陈一航：《提升地方政府环境治理能力面临的挑战及其对策研究》，硕士学位论文，湖南师范大学，2013年。

第三节 研究思路与主要内容

一 研究思路

本书拟着重围绕地方政府环境治理能力这一核心问题，对其所涉及的某些基础理论进行初步思辨性的分析和综合。然后采取文献检索法、抽样调查法、统计分析法对改革开放以来中国地方政府的环境治理的整体效果进行评价，分析改革开放以来中国地方政府环境治理方面取得的成效及存在的问题。同时采用比较研究法，比较研究西方发达国家地方政府的环境治理，比较研究国内东部、中部、西部地方政府的环境治理。通过比较研究，为提升中国地方政府的环境治理能力提供理论思路和现实路径。

二 主要内容

1. 地方政府环境治理能力的内涵及要素。我国政府可以分为不同的层次，如中央、省、市、县、乡政府等。本书以我国省、市、县、乡政府为主要考察论域，以狭义政府为研究对象。地方政府环境治理能力是指地方政府在生态环境治理的过程中所实际拥有的能量和能力。地方政府环境治理能力是一个复杂的系统，其中主要有制度供给能力、环境监管能力、环境公共服务提供能力、多中心合作共治能力。

2. 地方政府环境治理能力的影响因素。影响地方政府环境治理能力的因素主要有地方政府与中央政府间的博弈，地方政府之间的竞争与合作，地方政府环境权能的强弱，地方政府与企业、公民社会的合作关系。从国际的角度考察，还涉及地方政府和国外政府、国际组织的合作关系。本书主要从国内的角度考察地方政府环境治理能力的影响因素，将其归纳为七个方面：地方政府环境责任意识、地方政府环境权能、地方政府环境政策工具、府际环境合作、环境社会资本、企业环境责任、环境技术创新。

3. 地方政府环境治理能力的理论基础。地方政府环境治理能力在理论上主要依托原生或次生政治学理论、公共管理学理论和经济学理论。其主要的理论基础有：治理与善治理论、“多中心”治理理论、社会资本理论、协商民主理论、"第三条"道路理论、政策网络理论、博弈理论等。

4. 改革开放以来中国地方政府环境治理能力的现状及评价。本书分析了改革开放以来中国环境问题的特征。认为改革开放以来中国环境治理经历了创建、发展和创新的阶段，探索出一条可持续发展的道路，环境保护也被贯彻成基本国策。

随着改革开放进程的推进，从20世纪80年代后期开始，中国的环保行政发生了巨大变化，环境管理中地方行政的作用越来越重要。本书对改革开放以来中国地方政府的环境治理能力进行了定性和定量描述，同时运用DEA、层次分析法等分析方法对中国31个省（自治区、直辖市）地方政府环境治理能力进行评价。

5. 改革开放以来中国地方政府环境治理能力提升的困境。我国地方政府在环境保护方面为何"不作为"？为何"不当作为"？环境治理能力为何难以提升？究其原因，就是地方政府的环境治理已陷入路径依赖困境：以经济目标为主导的压力型体制导致地方政府官员缺乏环保动力；现行分权的财政体制导致地方政府环境治理投入不足；现行的环境组织架构导致地方政府环保监管能力弱化；公众参与和责任追究机制的缺失导致地方政府没有压力加强环境治理；传统的基于行政区划的"行政区行政"治理方式治理跨界环境公共问题已经陷入了困境；传统单一的命令—控制型环境政策工具已疲于奔命；经济发展的"二元结构"造成我国城乡环保差距扩大；现行的环境技术管理政策体系抑制环境技术的创新和发展。

6. 地方政府环境治理能力提升的经验借鉴。主要有国外经验借鉴和国内经验借鉴。国外经验方面，美国、日本、英国、德国等西方发达国家地方政府环境治理能力提升的经验主要表现在：一是地方政府环境权能得到合理配置；二是环境政策工具的组合运用；三是地方环境公众参与的基础构筑；四是地方政府与企业伙伴关系的构建；五是城市农村环境保护的协同发展；六是环境技术创新政策体系的激励。

国内经验方面，为了提升地方政府环境治理能力，有效履行地方政府的环境管理职能，近年来中国地方政府不同程度地进行了环境管理的参与式治理创新，并取得了一定成效。改革开放以来地方政府环境管理创新的实践一直在进行且亮点纷呈，不过，对所有地方政府环境管理创新与实践进行详细的、深入的描述是不可能的。案例研究有利于详细阐述、丰富资料。缘此，本书选取湖南湘江的跨界流域治理、湖南攸县的城乡环境同治、浙江遂昌的生态农业发展、浙江嘉兴的环境公众参与以及深圳、无锡探索具有地方特色的环境监管模式作为实例，对其环境管理创新与实践加以深入描述，提炼可资借鉴的经验。

7. 提升中国地方政府环境治理能力的路径选择。提升中国地方政府环境治理能力的路径，首先是树立生态政治战略和培育生态价值观。其次是针对改革开放以来中国地方政府环境治理能力提升面临的困境，一一提出破解对策，即建立地方政府环境责任考核评估与追究体系；建立环境财政制度完善地方政府的环保投融资机制；改革环境管理体制提升地方政府环境监管权能；倡导公众和企业合作参与环境治理；建立强有力的区域环境合作治理网络；组合选择符合地方实际的环境政策工具；建构我国城乡环境同治的政府引导机制；构建我国完善的环境技术创新政策体系。

第四节　研究方法与主要创新点

一　研究方法

“工欲善其事，必先利其器”，选择恰当的研究方法是研究得以顺利开展进而得出正确结论的基础和前提。因此，有必要把本书采用的研究方法作一个说明。

1. 文献研究法

由于生态环境问题涉及范围较广以及一些实地调查的困难，决定了本书只能主要采用文献研究法。所谓文献，其原义主要指包含各种信息的书面材料或文字材料。随着社会的发展，信息传播的载体也越来越多样化。根据文献具体形式和来源的不同，可以将其分为个人文献、官方文献及大众传播媒介三大类，也可以把它分为原始文献和二次文献。

本书研究过程中，通过中国知网的文献检索掌握地方政府生态环境治道变革方面的相关资料，通过查阅国内外的环境统计公报及环境统计年鉴，通过报刊、网络收集当前关于国内外地方政府环境治理现状的相关资料。

2. 个案研究法

个案研究即对一个个人、一个事件、一个社会集团或一个社区所进行的深入全面的研究。个案研究通过对事物进行深入的洞察，能够获得非常丰富、生动、具体、详细的资料，能够较好地反映出事物或事件发生、发展及变化的过程，而且能为后来较大的总体研究提供理论假设。本书在研究过程中结合一些典型个案进行具体分析，避免泛泛而谈。为了总结国内地方环境治理能力提升的经验，本书选取湖南湘江的跨界流域治理、湖南攸县的城乡环境同治、浙江遂昌的生态农业发展、浙江嘉兴的环境公众参与以及深圳、无锡探索具有地方特色的环境监管模式作为实例，对其环境管理创新与实践加以深入描述，提炼可资借鉴的经验。

3. 比较研究法

比较法是根据一定的标准，把相关的事物放在一起进行考察，对比其异同，以把握事物特有的质的规定性的研究方法；亦即从相互联系和差异的角度观察和认识事物，进而探索事物发展规律的研究方法。广义地说，比较法是应用最为广泛的一种科学研究方法：任何科学研究都要采用比较的方法；任何相对独立的研究方法（例如观察法、调查法、实验法、历史法、解释学的方法、分析学的方法、行动研究的方法等）之中都包含着比较研究的成分。本书通过对国内外地方政府生态环境治理变革的比较研究，总结经验，从而为我国地方政府环境治理能力提升提供借鉴。一方面比较研究西方发达国家及发展中国家地方政府的环境治理；另一方面比较研究国内东部、中部、西部地方政府的环境治理。通过比较研究，为提升我国地方政府的环境治理能力提供理论思路和现实路径。

4. 跨学科研究法

生态环境问题是一个多方面问题的综合体，其产生有着多方面的根源，其影响波及人类生活的各领域。所以，生态环境问题的凸显必然引起学术界不同学科，例如生态学、环境管理学、环境经济学、环境法学、环境政治学和环境社会学等的关注。较好地解决生态环境问题需要多学科的综合研究。正如日本学者岩佐茂所说的那样：“环境问题需要跨学科的综合研究。环境问题的研究，比如对自然环境的认识和对其破坏程度的实际调查把握，对环境破坏原因的分析、预测，环境破坏对自然环境的影响，保护环境的理念与政策建议等，都具有涉及面很广的综合特性。因此，要在相关领域所取得的研究成果的基础上，以这些成果为中介，努力对各学科进行综合研究。”① 本书在研究方法和学科取向上，坚持多学科的研究取向并进行交叉研究。本书以政治学、管理学、经济学、法学、生态学等为背景，多学科、多角度、多层次地深入研究地方政府环境治理能力的理论和实践问题，使地方政府环境治理能力的理论研究与实际应用走向多学科化。

5. 统计分析法

地方政府环境治理能力的评价涉及评价样本、评价指标体系、权重分配、评分标准、满意度调查、统计数据的收集和分析等实证研究技术的应用。本书综合应用专家咨询法（DelPhi）、层次分析法、因子分析法，初步构建出地方政府环境治理能力的综合评价指标体系。通过运用 DEA 分析方法对中国 31 个省（自治区、直辖市）地方政府环境治理能力进行评价。

二　主要创新点

1. 学术领域的开拓性。自 20 世纪 90 年代以来，我国学者开始对政府能力展开了探索性研究，政府能力日益成为我国一个富有活力的重要研究领域，但地方政府环境治理能力缺乏系统研究。本书深入分析了中国地方政府环境治理能力提升的路径依赖困境，借鉴国内外地方政府环境治理能力提升的经验，结合转型时期中国的实际情况，指出中国地方政府环境治理能力提升的路径选择，这对解决中国目前的环保困局有着重要的实践意义，同时开拓了地方政府学研究尤其是地方政府能力研究中的一个新领域——地方政府环境治理能力。

2. 学术理论的创造性。本书系统提出有关地方政府环境治理能力的要素及理论框架，进一步完善了地方行政学理论和地方政府能力理论，其中不乏诸多原创性的观点。本书创造性地提出地方政府环境治理能力的内涵，认为地方政府环境治理能力是指地方政府在生态环境治理的过程中所实际拥有的能量和能力。然后，系统研究有关地方政府环境治理能力的要

① ［日］岩佐茂：《环境的思想——环境保护与马克思主义的结合处》，韩立新、张桂权、刘荣华等译，中央编译出版社 2006 年版，第 9 页。

素、影响因素及理论基础等理论问题。原创性地提出地方政府环境治理能力是一个复杂的系统观点，并将地方政府环境治理能力的要素归结为制度供给能力、环境监管能力、环境公共服务提供能力、多中心合作共治能力。系统性地首次将地方政府环境治理能力的影响因素归结为七个方面：地方政府环境责任意识、地方政府环境权能、地方政府环境政策工具、府际环境合作、环境社会资本、企业环境责任、环境技术创新。原创性地提出地方政府环境治理能力的理论基础，即治理与善治理论、“多中心”治理理论、社会资本理论、协商民主理论、“第三条”道路理论、政策网络理论、博弈理论。

3. 学术视野的开阔性。本书在研究方法和学科取向上，坚持多学科的研究取向并进行交叉研究。本成果以政治学、管理学、经济学、法学、生态学等为背景，多学科、多角度、多层次地深入研究地方政府环境治理能力的理论和实践问题，使地方政府环境治理能力的理论研究与实际应用走向多学科化。

4. 学术研究的定量化。地方政府能力虽然是一个不新的话题，但地方政府能力的量化评价却不多。为此，本书试图寻找和建立一个较为科学的定性描述和定量分析有机结合的指标体系，并以此来测量和评价地方政府环境治理能力的状况，从而对地方政府环境治理能力水平作出恰当、准确的评估和比较。本书运用 DEA、层次分析法等分析方法对中国 31 个省（自治区、直辖市）地方政府环境治理能力进行评价。

第二章　地方政府环境治理能力的理论阐释

理论前提制约着理解事物的方式。它决定着我们的理解、基于理解产生的诉求以及由此而设想的行为的可能性。[①]因此，在这里我们需要厘定地方政府环境治理能力的理论范畴，确定地方政府环境治理能力的内涵及要素，阐释地方政府环境治理能力的理论基础，以便为理解改革开放以来中国地方政府环境治理能力提供正确的基本概念、合理的视野范围和一定的理论依据。

第一节　地方政府环境治理能力的内涵及要素[②]

一　地方政府环境治理能力的内涵

无论在国内还是国外，“政府能力”这一概念一直没有得到明确而统一的界定，由于各自的学科背景、认知兴趣、分析框架、参照系统和研究目的各不相同，学者们对于政府能力概念的理解也不尽相同，甚至相互矛盾。按照学术关怀和学术视角的不同，可将这些理解大致梳理为如下几类：一是从行政主体（政府本位）的角度，将政府能力描述为主体的一种特征或主体从事活动的条件，强调政府活动的单方面性、主观性和自主性；二是从行政环境（客体）的角度，将政府能力界定为政府对行政环境的适应程度和反作用状况；三是将主、客体结合起来，强调政府与环境

---

① ［美］查尔斯·J. 福克斯、休·T. 米勒：《后现代公共行政——话语指向》，楚艳红、曹沁颖、吴巧林译，中国人民大学出版社2002年版，第8页。

② 肖建华、游高端：《地方政府环境治理能力刍议》，《天津行政学院学报》2011年第10期。

的互动关系；四是从政府政策（手段、工具）的角度，强调政府能力表现为政府能否恰当地运用政策、计划等工具；五是从政府活动结果的角度，认为政府能力就是政府活动的效果；六是从政府职能的角度，强调政府能力与政府职能的相互依赖性；七是从综合的角度，对政府能力进行比较全面的概括。[①] 从政府职能的角度界定政府能力的学者比较多，如施雪华认为，政府能力是“为完成政府职能规范的目标和任务，拥有一定的公共权力的政府组织所具有的维持本组织的稳定存在和发展，有效地治理社会的能量和力量的总和”[②]。采用这个角度的学者中，陈国权的概括是最具有代表性的，他提出，政府能力是指政府在管理社会的过程中所实际拥有的能量和能力，如果政府职能是政府“想干什么”或“要干什么”，政府能力则是政府“能干什么”或“会干什么”。[③] 笔者也赞同从政府职能的角度理解政府能力。

理解了政府能力，那么政府治理能力如何理解？政府治理能力是将治理引入政府能力的思考框架。治理理论的兴起是与政府的失效和市场的失效联系在一起的，是补充政府管理和市场调节的不足应运而生的一种社会管理方式。它强调政府与公民社会的合作、强调自上而下的管理和自下而上的参与相结合、强调管理主体的多样性。在管理的性质上强调政府对公民的服务，在管理的技术上强调引入市场机制。“治理是各种公共的或私人的个人和机构管理其共同事务的诸多方式的总和。它是使相互冲突的或不同的利益得以调和并且采取联合行动的持续过程。它既包括有权迫使人们服从的正式制度和规则，也包括各种人们同意或以为符合其利益的非正式的制度安排。它具有四个特征：治理不是一整套规则，也不是一种活动，而是一个过程；治理过程的基础不是控制，而是协调；治理既涉及公共部门，也包括私人部门；治理不是一种正式的制度，而是持续的互动。”[④] 治理的最终目标是实现善治。善治就是使公共利益最大化的社会管理过程。很显然，在治理的语境下，政府能力又被赋予许多新的内容，

---

① 汪永成：《中国现代化进程中的政府能力——国内学术界关于政府能力研究的现状与展望》，《政治学研究》2001 年第 4 期。

② 施雪华：《政府权能理论》，浙江人民出版社 1998 年版，第 309 页。

③ 陈国权：《政府能力的有限性与政府机构改革》，《求索》1999 年第 4 期。

④ 全球治理委员会：《我们的全球伙伴关系》，牛津大学出版社 1995 年版，第 23 页。

主要有：良好的制度设计和创新能力；推进市场化改革的能力；推动社会化改革的能力；向社会提供良好公共服务的能力。①

生态环境是一种典型的公共物品，政府作为“公共人”的特性注定了政府仍将是环境公共事物治理的主导者。② 因此，政府环境治理能力可理解为以政府为主导的各种公共的或私人的个人和机构在管理生态环境公共事务过程中所实际拥有的能量和能力。所谓地方政府环境治理能力，是指以地方政府为主导的各种公共的或私人的个人和机构在管理地区生态环境公共事务过程中所实际拥有的能量和能力。本书所理解的“政府”，是指狭义的政府。本书以我国省、市、县、乡地方政府为主要考察对象。

二　地方政府环境治理能力的要素

地方政府环境治理能力是一个系统，包括地方政府对自然规律认识的程度和水平，对环境治理的决策能力、规划能力，预防控制和治理环境污染的能力，促进环境科学技术创新水平提高的能力，制定出科学的环境保护规划和环境标准以及科学的环境教育、环境立法、环境税收、环境审计、绿色国民经济核算体系、战略环境影响评价的能力，促进环保产业特别是环保服务业发展的能力，促进循环经济发展的能力，应对各种生态环境灾难的能力，促进环境文化和生态文明建设的能力，有效地借鉴西方发达国家环境治理成功经验的能力，动员公众广泛参与环境保护的能力，有效地规范和界定在环境治理过程中政府与企业、非政府组织、社区、公民等方面的责任、权利、义务的能力，等等。

地方政府环境治理能力尽管具有多方面的规定性，但最突出的能力体现为政府环境治理的制度供给能力、环境公共监管能力、环境公共服务提供能力、环境多中心合作共治能力等。③

---

① 岳凯敏：《治理语境下的中国政府能力》，《宝鸡文理学院学报》（社会科学版）2005年第3期。

② 肖建华、邓集文：《生态环境治理的困境及克服》，《云南行政学院学报》2007年第1期。

③ 肖建华、游高端：《地方政府环境治理能力刍议》，《天津行政学院学报》2011年第10期。

1. 环境治理的制度供给能力。许多环境问题，或因价格不合理或因产权无法界定显示的市场缺陷，就必须由非市场的政府行为来进行干预。政府的干预主要是提供制度或激励性的“制度安排”。“制度的关键功能是增进秩序：它是一套关于行为和事件的模式，它具有系统性、非随机性，因此是可理解的。……当秩序占据主导地位时，人们就可以预见未来，从而能更好地与他人合作，也能对自己冒险从事创新性试验感到自信。”① 因此，环境治理必须要有一个良好的制度。环境能否得到保护，关键在于制度设计者的环境理念，以及在这种理念指导下的制度安排。虽然市场途径为解决环境问题提供了一条比行政干预更为有效率的出路，但市场机制的有效发挥又必须依靠制度方面（最重要的就是产权制度）的正确引导。特别是管制性公共物品（例如宪法、法律和法规、重要的宏观公共政策甚至是基于维护市场秩序而必须设定的质量标准、安全标准和必要的价格标准等）的供给需要通过公共权力而采取强制的方式才能加以供给。只有政府才拥有这种合法的公共权力，其他行为主体若非在政府委托授权的情况下是难以供给的。因此，政府在环境治理中的主导作用体现在环境治理的制度供给。

2. 环境公共监管能力。所谓环境公共监督是指以国家环境政策、法律、法规和标准为依据，围绕国家环保工作中心，结合地方环保工作重点，运用国家法律赋予的权力和地方政府授予的行政管理权限，以环保部门为主体，在有关部门的配合下对环境质量的监测和对一切影响环境质量行为的监察。2014 年修订的《环境保护法》第 10 条规定：“国务院环境保护主管部门，对全国环境保护工作实施统一监督管理。”“县级以上地方人民政府环境保护行政主管部门，对本行政区域的环境保护工作实施统一监督管理。”监督作为一种管理职能是普遍存在的，不仅包括针对经济行为主体的环境监督，而且还包括对各类经济行为主体行政主管部门的环境监督——行政主体监督；不仅包括对生产行为的环境监督——污染防治监督，还包括对资源开发行为的环境监督——生态保护监督；不仅包括对

① ［德］柯武刚、史漫飞：《制度经济学：社会秩序与公共政策》，韩朝华译，商务印书馆 2000 年版，第 30 页。

执法主体的环境监督——内部监督，还包括对执法客体的监督——外部监督等。①

几十年来，国内外的环境管理经验告诉我们，环境管理成功的关键在于监督的有效性。缺乏有效的环境公共监督，强化环境行政管理将成为空话，因此说环境公共监管能力的强弱关系到地方政府环境治理的成败。因此，政府环境管理部门除了要集中力量重点抓好宏观控制、综合决策之外，还应集中力量保证环境监督执法到位和公平。

3. 环境公共服务提供能力。为公众和企业提供包括污水处理、废物和垃圾的收集与处理，保证水体、空气、生活环境的清洁优美，保证生态环境的安全等，是任何现代国家公共服务的基本职能。这些公共服务，通常是私人部门不愿意提供或经营的，或者没有政府帮助私人部门很难承担的，于是必须由政府直接提供或经营。

当然，政府提供不等于政府生产。所谓的“生产是指物理过程，据此公益物品或服务得以成为存在物，而提供则是消费者得到产品的过程”。通俗地说，提供指的是谁为产品付款，以供人们消费；生产是指由谁来从事产品的具体生产。② 由于“公共部门所提供的许多服务基本上具有市场的特质”③，这为特定公共服务的市场化提供了可能，因此这些公共服务也可委托给私人企业、社区和非营利组织直接经营。但市场化是有限度的，因为并非所有公共服务都可以市场化。

对于公共物品，提供者和生产者不像私人物品那样合二为一，提供者和生产者是可以相分离的。我国长期以来由政府全面垄断环境保护事业，在一定程度上，这确实是必要的，这符合公益物品的公益性和环境保护事业的公益性。但在目前，这种提供者和生产者合二为一的做法，反而使政府陷入垄断但却低效的尴尬境地。

4. 环境多中心合作共治能力。当前，世界各国政府的管理和服务职能都在扩张，其中一项重要事务就是进行环境治理，向社会提供保护

① 欧祝平、肖建华、郭雄伟：《环境行政管理学》，中国林业出版社 2004 年版，第 144—145 页。

② 陈喜红：《我国环境公共物品供给模式探讨》，《市场论坛》2006 年第 9 期。

③ ［美］盖伊·彼得斯：《政府未来的治理模式》，吴爱明、夏宏图译，张成福校，中国人民大学出版社 2001 年版，第 148 页。

环境的公共物品。如果说，政府已成功介入环境保护领域，为什么全球自然环境资源仍日益恶化？事实上，世界各国的环境管理情况越来越不尽人意。2000年的一项盖洛普民意测验发现，受调查的60个国家中有55个国家的大多数人认为他们的政府在环境管理方面做得不够。[①] 由此看来，将生态环境问题的解决视为政府及公共部门（公用事业）的专有责任，却又面临“政府的失败”。市场失灵并不是政府干预的充分条件，市场机制解决不了的问题，政府也不一定能解决，即使能解决，也不一定比市场解决得更好。因为，同样存在着更为严重的政府失灵，这是由于政府行为并非永远代表公共利益、信息不完全和政府能力有限、政府干预市场的成本扩张以及政府机构及其官员的寻租与腐败等。所以，沃尔夫说：“市场与政府间的选择是复杂的，而且，通常并不仅仅是这两个方面，因为这不是纯粹在市场与政府间的选择，而经常是在这两者的不同组合间的选择以及资源配置的各种方式的不同程度上的选择。”[②] 事实上，无论政府还是市场，在使个人以长期的、建设性的方式使用自然资源系统方面均未取得成功。正是基于这样的行为假设，当代治理主义才倡导发展多元化的、以公民社会为中心的、强调分权与参与的多中心合作治理模式。

目前，严峻的环境形势表明，在环境管理和环境保护方面，在实行“国家干预”（国家环境法律、法规、政策调控等）和“经济刺激”（环境费、税、信贷调整等）的同时，需要各国公民的主动参与，需要公民社会内部的合作与协调，需要在民间与政府、企业之间进行协调合作，实现有效的各国治理和全球治理。因此，政府环境多中心合作共治能力的提升要求政府主动寻求企业、非政府组织、公民的支持，与社会各界建立合作型的伙伴关系，建立容纳多主体的政策制定和执行框架，形成共同分担环境责任的机制。[③]

---

① 田春秀编译：《全球环境管理的现状与展望》，《环境保护》2003年第11期。

② ［美］查尔斯·沃尔夫：《市场或政府——权衡两种不完善的选择》，谢旭译，中国发展出版社1994年版，第132页。

③ 肖建华、邓集文：《多中心合作治理：环境公共管理的发展方向》，《林业经济问题》2007年第1期。

第二节 地方政府环境治理能力的影响因素

地方政府环境治理能力受多种因素的影响，就目前情况来看，影响我国地方政府环境治理能力的因素主要有七个方面。[①]

一 地方环境责任意识

地方政府对于环境治理有没有责任意识以及责任意识的强弱直接影响到环境治理的行为以及效果。地方政府是社会经济发展的直接管理者和经济运作系统的直接操纵者，正因为它的多重身份往往使地方政府在处理经济增长与环境保护方面处于一种尴尬的境地。地方政府在环境保护方面不作为、干预执法及决策失误是造成环境顽疾久治不愈的主要根源。

大连、上海、中山被认为是中国的环保领先者，为其他地区设立了榜样。[②] 与其他在环保方面表现较差的城市相比，这些城市有如下几个共同特点。首先，也是最重要的，支持环保。这种支持可直接促使当地环保部门地位的提升。其次，这些环保模范城市与国际社会也有较多的联系，这使得它们可以很容易地获得最好的环保训练、环保技术和政策参照。可见，要提升地方政府环境治理能力首先必须强化地方政府的环境责任意识，使其树立科学的经济增长观和正确的政绩观。

二 地方政府环境权能

政府权能理论是研究政府的权力、职能和能力之间的相互关系及其发展规律的一种政治学理论。政府职能给政府权力和能力规定了基本的方向和任务，而政府权力和能力是完成政府职能所规定的基本任务的必要手段。要使一个政府拥有推动社会发展的最大能量，必须处理好政府权力、职能和能力三者的关系，地方政府环境治理能力同样如此。

① 肖建华、游高端：《地方政府环境治理能力刍议》，《天津行政学院学报》2011 年第 10 期。

② ［美］伊丽莎白·伊科诺米：《中国环境保护的实施情况》，程仁桃摘译，《国外理论动态》2007 年第 4 期。

地方政府的行政行为是多角度、多层次的，而保护环境是地方政府一系列行政管理活动中的一个职能。以经济目标为主导的压力型体制下各级地方政府要实现其自身特殊利益最大化，倾向于经济增长是其理性的选择，这就导致经济增长和环境保护失衡。1994 年的分税制财政体制改革使财力相对集中在中央、省级，事权分散在基层，大量的具体支出责任主要落在了县市基层政府身上，而基层政府可支配财力又很少，形成责任在基层、财权在上级的不合理局面。1994 年的分税制改革给地方政府带来了沉重的财政压力，加之转移支付制度不健全，全国很多地区的县、乡财政陷入困境，对公共物品和服务的提供严重不足，对环境保护更是无力投入。由于地方财力有限，“十五”计划确定的治污项目约有 47%的计划投资没有落实。①

按照我国现行的环境管理体制，环保部门是地方政府的一个职能部门。随着环境问题的日益严重，地方环保部门在地方环保事务中发挥了越来越大的作用，其职能不断得到明确和强化。在经济发达和环境质量需求较高的地方，环保部门的职权得到明显加强。然而地方环保部门在地方环境事务中的作用没有得到充分发挥却是不争的事实。尽管原国家环保总局已于 2008 年升格为环境保护部，并于 2018 年改组为生态环境部，由国务院直属机构转变为国务院组成部门，其权威和职能得到提升和强化。但相应的地方各级环保部门的改革远没有跟上国家环保部门改革的步伐。当前，我们面对这样一个矛盾的事实：一方面，国家在法律上赋予环保部门开展环境保护的统一监督管理职能，并要求环保部门要从严执法，加大执法力度；另一方面，国家法律又没有赋予环保部门更多的、强有力的、直接的执法权，使环保部门在具体的环境执法过程中感到力不从心。

三　地方环境政策工具

随着 20 世纪 80 年代以来政策工具研究的兴起，人们找到了一种改善和提高政府绩效的新途径，这种新途径即是进行正确与恰当的政策工具选择。戴维·奥斯本（David Osborne）曾言：“今天我们政府失败的主要之

① 苏明：《财政要提高环保投入比重》，http://news.sohu.com/20060616/n243761487.shtml。

处，不在目的而在于手段。"① 彼得斯也认为："政策工具选择作为提升执行绩效的知识而变得更加重要。"② 可见，政策的有效执行依赖于政策工具的正确选择。

生态环境治理中，中央政府的职责是提出政策方向，地方政府则应选择适当的措施负责执行。地方政府执行力是中央政令得以有效执行的根本保证，也是一个国家行政管理水平的具体体现。也就是说，中央政府制定的环境标准、管理规则都需要各级地方政府来落实，而地方政府环境政策工具的合适选择，对于提升地方政府执行力和构建两型社会具有极为重要的作用。地方政府选择合适的政策工具，可以起到事半功倍的作用；反之，将不得不承受由于环境破坏和资源耗竭而给我们带来的灾难性后果。③

四　府际环境合作

政府间合作模式问题的研究在国际上一般被称为府际管理（International Management），府际管理是关于协调与管理政府间关系的一种新型治理模式。生态环境治理是一项内容丰富的复杂系统工程，其治理能否成功离不开府际间的合作共治。因此，府际环境合作治理影响地方政府环境治理能力的提升。

在中国，环境保护的权力被各部门分割，大量与环保有关的职能分散在环保主管部门之外的十余个部委。我国各地环境污染现象屡禁不止、环保行政执行力不足的原因，很多情况是由于相关部门的利益冲突和权力交叉、责任不清、缺乏协调所致。多年以来跨界的环境污染得不到有效的解决，已经成为中国环境治理上一个反复发作的顽症。现行分割的行政体制使地方政府在跨界水污染治理过程中出现了"集体行动的困境"，从而导致中国环境"跨界污染"得不到有效解决。

---

① ［美］戴维·奥斯本、特德·盖布勒：《改革政府：企业精神如何改革着公共部门》，周敦仁等译，上海译文出版社 1996 年版，第 8 页。

② B. Guy Peters and Frans K. M. Van Nispen, *Public Policy Instruments*, Edward Elgar, 1998, p. 46.

③ ［瑞典］托马斯·思德纳：《环境与自然资源管理的政策工具》，张蔚文、黄祖辉译，上海人民出版社 2005 年版，译者序。

五　环境社会资本

帕特南指出："与物质资本和人力资本相比，社会资本指的是社会组织的特征，例如信任、规范和网络，它们能够通过推动协调和行动来提高社会效率，社会资本提高了投资于物质资本和人力资本的收益。"① 社会资本是存在于社会结构中，并体现为互助、信任、规范、合作以及社会网络等的一系列因素的综合体。社会资本立足于更高和更广泛层次上的协同和配合，呼唤人们之间相互合作、信任、理解和同情，并在此基础上，谋求各社会参与者的团结一致，达到社会公益目标的有效实现。

显然，社会资本的理论范式是生态环境治理中的重要资源，同时也是影响一国地方政府环境治理能力的重要因素。因为生态环境治理首先需要政府、企业和广大人民群众生态责任意识的共同勃发，而信任社会资本能培养政府与民众生态环境治理的责任意识。其次，规范社会资本能保证生态环境治理的有序性，促进民众在生态环境治理上的监督与合作。最后，社会资本为生态环境治理格局的形成提供了公民参与的网络，而公众参与网络跨越了社会分层，滋养了更为广阔的合作，构成了生态环境治理的重要推动力。

六　企业环境责任

污染能否最终控制、资源能否得以节约与循环，企业的角色和作用都是独特和关键的。企业在从事生产经营活动时，时时要与生态环境发生联系。企业的社会责任促使它从人与自然和谐共处的社会需要出发，自觉减少污染物排放，保护生态环境。企业社会责任所导致的企业自律行为，无须外部力量的强制，企业出于社会利益考虑而产生一种自觉、主动的行为。它既可以大大降低政府干预中由于信息不对称而产生的"道德风险"，又一定程度上减少了政府监测的成本。对推进可持续发展和提升地方政府环境治理能力具有不可估量的作用。自从 20 世纪以来，发达国家一些公司开始公开声称要做企业公民，企业是国家的公民，要为社会发展

---

① ［美］罗伯特·帕特南：《使民主运转起来》，王列等译，江西人民出版社 2001 年版，第 195 页。

作出贡献，从而带动一大批企业竞相开展企业公民竞赛。近年来，国内各地企业违反环境责任政策的规定、环境违法的事件时有发生。这些问题反映出企业没有承担对环境、资源的合理利用和保护的义务，企业环境责任缺失。

七 环境技术创新

欧盟委员会 2004 年 1 月 28 日制订的环境技术行动计划（Environmental Technologies Action，ETAP）提出吸引更多的私有和公共投资用于环境技术的开发和演示，鼓励创新工艺，将发明创造从实验室带到市场。1990 年以来，美国政府的环境技术研发经费一直维持在政府研发总经费的 9%左右，2002 年、2003 年和 2004 年的研发费用分别达 34.18 亿美元、36.9 亿美元和 37.62 亿美元。[①] 在加大科技研发投入的同时，美国政府还注重与企业及研究机构的合作，同时美国政府还注重各部门研究的协调合作。

目前，中国处于工业化和城市化加速发展的阶段，也正处于经济增长和环境保护矛盾十分突出的时期，环境形势十分严峻。随着我国经济社会改革的进一步深化，参与国际竞争的步伐不断加快，国民对环境的要求不断提高，把环境技术创新融入环境政策当中，诱导和激发企业自主进行环境技术创新，将是缓解我国环境与经济发展矛盾，实现可持续发展，建设环境友好型社会的重要政策手段和导向之一。要解决未来中国发展中的环境问题，各级政府必须充分依靠科学技术，推动环境技术创新的研发，通过国家创新体系的绿色化，实现建设资源节约型、环境友好型社会的重要目标。

第三节 地方政府环境治理能力的理论基础[②]

当代地方治理思想和实践发源于 20 世纪 80 年代初、中期的英国，并

---

① 中国网：《通过创新建设环境友好型社会：挑战与选择》，http：//www.china.com.cn/tech/zhuanti/wyh/2008-02/26/content_ 10734696.htm。

② 陈潭、肖建华：《地方治理研究：西方经验与本土路径》，《中南大学学报》（社会科学版）2010 年第 1 期。

逐渐成为发达国家政治与行政改革的一个重要方向。地方治理是当今整个治理思想和多层治理结构中的重要组成部分。治理与善治理论、“多中心”治理理论、社会资本理论、协商民主理论、政策网络理论、“第三条”道路理论及博弈理论是西方地方治理的主要理论基础，同时也是地方政府环境治理的理论基础。

一　治理与善治理论

“治理”一词在20世纪90年代成为西方社会科学的流行术语。詹姆斯·N. 罗西瑙认为，治理是一种内涵更为丰富的现象，既包括政府机制，也包含非正式、非政府的机制。[①] 全球治理委员会指出：治理是各种公共的或私人的机构管理其共同事务的诸多方式的总和，包括有权强迫人们服从的正式的制度和规则，也包括各种人们同意或者认为符合其利益的非正式的制度安排。[②]在各种治理的界定中，全球治理委员会的定义被认为具有较大的代表性和权威性，给我们解读治理提供了有益启示。中国学者随之对治理概念进行了介绍和探讨，其中，俞可平、徐勇和毛寿龙等是从事治理研究的主要代表。治理这个现代主题如今占据了比政治哲学更为重要的地位。[③]治理有不同层次的区分，“善治”是治理的最高境界，[④] 那么，善治的基本轮廓是什么？

根据一位法国银行家的看法，善治有四个构成要素：第一，公民安全得到保障，法律得到尊重；第二，公共机构正确而公正地管理公共开支；第三，政治领导人对其行为向人民负责；第四，信息灵通，便于全体公民了解情况。[⑤]麦克尔·巴泽雷把善治归结为“公民价值体现”。善治跟传统官僚制范式不同，它能够激发对什么能体现对公民集体价值这一问题作更

① ［美］詹姆斯·N. 罗西瑙：《没有政府的治理》，张胜军、刘小林等译，江西人民出版社2001年版，第5页。

② The Commission on Global Governance, *Our Global Neighbourhood: the Report of the Commission on Global Governance*, London: Oxford University Press, 1995, p. 2.

③ ［法］让-皮埃尔·戈丹：《何谓治理》，钟震宇译，社会科学文献出版社2010年版，第11页。

④ 周亚越：《行政问责制研究》，中国检察出版社2006年版，第75页。

⑤ ［法］玛丽-克劳德·斯莫茨：《治理在国际关系中的正确运用》，肖孝毛译，《国际社会科学杂志》（中文版）1999年第1期。

多的调查、更明确的讨论、更有效的商榷。它还可以与顾客至上的观念相联系，强调投入和过程中产生的成效，暗示出哪些公民价值不能由政府内部的专业团体来擅作主张。[①]显然，按照巴泽雷的逻辑，善治暗示了社会自治的要求和能力。雅克·舍瓦利埃认为，“善治”经由进一步强化法治国家，更加注重法律层面的保障；而加强公共行政伦理亦成为“善治”所关心的主要内容。同时，“善治”强调国家的参与性、透明性，以更大的覆盖面来贴近公民的生活。“善治”原则还大力倡导国家要及时地向公众汇报其工作，并推动建立衡量公共行为效能的测评机制。[②] 中国学者俞可平比较全面地描绘了善治的基本轮廓，他在综合各家之言的基础上提出：合法性、透明性、责任性、法治、回应性、有效性是善治的六个基本要素。[③]

为了达到地方政府的环境善治，合法性要求政府机构及管理者应最大限度地动员公民参与环境治理；透明性要求政府机关、企业等必须公开环境信息，增强环境事务的透明性；责任性要求公众，尤其是公职人员和管理机构应该承担环境责任；法治要求健全地方环境法制；回应性要求公共管理人员和公共管理机构必须对公民的环境要求作出及时的、负责的反应；有效性要求提升地方政府环境治理的效率和能力。

二 “多中心”治理理论

“多中心”治理理论的构建者和学派领军人物是文森特·奥斯特罗姆和埃莉诺·奥斯特罗姆教授夫妇。“多中心”是相对于“单中心”而言的，多中心治理主要指治理主体的多元化，即政府、企业、个人及非政府组织都是治理的主体；治理权力的双向度，即自上而下与自下而上的权力运行相结合；治理方式的多元化，即政府行政性治理、市场激励性治理与社会自治理的结合。多中心治理的一个基本要求就是强调要确保政府权力

① ［美］麦克尔·巴泽雷：《突破官僚制：政府管理的新愿景》，孔宪遂、王磊、刘忠慧译，中国人民大学出版社 2002 年版，第 133 页。

② ［法］雅克·舍瓦利埃：《治理：一个新的国家范式》，张春颖、马京鹏摘译，《国家行政学院学报》2010 年第 1 期。

③ 俞可平：《治理与善治》，社会科学文献出版社 2000 年版，第 8—9 页。

和政治权力是分散的，而这对维护民主治理是至关重要的。[①]

埃莉诺·奥斯特罗姆运用博弈论探讨了在政府和市场之外的自主治理公共池塘资源理论上的可能性，提出了自主组织和自主治理公共事务的集体行动理论。埃莉诺的模型证明：无论国家还是市场，都未能成功地解决“公地悲剧”；反而是许多地方和社群中的人们，借助既不同于国家也不同于市场的制度安排，对某些资源系统成功地实行了适度治理。[②] 随着公民社会自治理力量的增强、各种自发的社会运动和志愿者活动的日益增多、企业在关注利润的同时越来越关注社会公共问题，这使我们有理由相信站在政府与社会合作的立场上，构建环境公共事务的多中心合作治理模式的可行性。[③]

三　社会资本理论

社会资本理论框架主要是由布迪厄、科尔曼和普特南这三位著名学者建立起来的。真正使社会资本概念引起人们重视的是哈佛大学的教授罗伯特·普特南，他通过对意大利不同区域民主绩效的对比研究指出：“与物质资本和人力资本相比，社会资本指的是社会组织的特征，例如信任、规范和网络，它们能够通过推动协调和行动来提高社会效率。”[④] 联合国“地方治理”报告指出：社会资本的形成是地方治理和人类可持续发展能力的重要方面。

社会资本是存在于社会结构中，并体现为互助、信任、规范、合作以及社会网络等的一系列因素的综合体。社会资本立足于更高和更广泛层次上的协同和配合，呼唤人们之间相互合作、信任、理解和同情，并在此基础上，谋求各社会参与者的团结一致，达到社会公益目标的有效实现。显

---

① ［美］阿伦罗森鲍姆：《比较视野中的分权：建立有效的、民主的地方治理的一些经验》，赵勇译，《上海行政学院学报》2004 年第 5 期。

② ［美］埃莉诺·奥斯特罗姆：《公共事物的治理之道：集体行动制度的演进》，余逊达、陈旭东译，上海译文出版社 2012 年版，第 213—214 页。

③ 肖建华、邓集文：《多中心合作治理：环境公共管理的发展方向》，《林业经济问题》2007 年第 1 期。

④ ［美］罗伯特·帕特南：《使民主运转起来》，王列等译，江西人民出版社 2001 年版，第 195 页。

然，社会资本的理论范式是生态环境治理中的重要资源。[①] 首先，信任社会资本能培养政府与民众生态文明建设的责任意识。其次，规范社会资本能保证生态环境治理的有序性。最后，自治性关系网络能构成生态环境治理的现实推动力。生态环境治理的主体不应简单地局限于政府，而应当是包括政府、企业和社会在内的一个广泛的参与群体，这既是生态危机治理的现实要求，也是生态文明发展的历史必然。可见，由于社会资本理论强调集体行为或组织行为的重要性，强调信任、规范和网络的重要性。因此，社会资本理论的介入，大大拓宽了生态环境治理研究的理论视野，有助于研究者将着眼点从个人层面扩展到集体和社会层面，把价值判断和文化纳入分析框架之中。

四　协商民主理论

20世纪80年代以来，哈贝马斯、罗尔斯、吉登斯、米勒等学者掀起了协商民主（deliberative democracy）理论研究的热潮。协商民主概念主要有这样几种含义：第一，作为政府形式的协商民主，指的是为政治生活中的理性讨论提供基本空间的民主政府。[②] 第二，作为决策形式的协商民主，指通过自由而平等的公民之间的讨论进行决策。[③] 第三，作为治理形式的协商民主，即以公共利益为取向，主张通过对话作出得到普遍认同的决策。[④]

生态文明是一种新的文明形态，是迄今为止人类文明发展的最高形态。实现生态文明必然要求进行生态治理。而作为一种治理形式，协商民主成为生态治理的路径选择。[⑤] 生态治理是人与自然和谐相处的动态过程，它要求人类的经济活动必须维持在生态可承载的能力之内；生态治理

---

① 胡洪彬：《社会资本视角下的生态文明建设路径》，《北京工业大学学报》（社会科学版）2009年第4期。

② Maeve Cooke，"Five Arguments for Deliberative Democracy"，*Political Studies*，2000，48：947-969.

③ Jon Elster，*Deliberative Democracy*，London：CambridgeUniversity Press，1998，Preface and Chap. 4. preface.

④ Jorge M. Valadez，*Deliberative Democracy*，*Political Legitimacy*，*and Self-Democracy in Multicultural Societie*，Westview Press，2001，p. 30.

⑤ 陈家刚：《生态文明与协商民主》，《当代世界与社会主义》2006年第2期。

是人与社会的良性互动过程，它主要通过合作、协商、伙伴关系、确立认同和共同的目标等方式实施对公共事务的管理；生态治理的良性互动机制，建立在市场原则、公共利益和认同的基础之上，其权力向度是多元的、相互的，而不是单一的和自上而下的。为此，生态治理的一个重要特征，是多元主体在追求公共利益过程中，在多元主体广泛参与基础之上的协商民主政治中，形成良性互动的和谐关系。

五“第三条”道路理论

“第三条道路”理论奠基人是安东尼·吉登斯教授。吉登斯认为“第三条道路”就是在经济上创造混合经济，变福利国家为社会投资国家；在政治上分解国家的权力，打破左右两分法，建立世界主义的民族国家。[①]“第三条道路”部分理论涉及地方治理，例如“少一些管理，多一些治理”；建立“整体型政府”；中央向地方放权；建立政府与市民社会之间的合作互动关系；协调政府各机构之间的关系；实现国际和全球范围的治理。[②]

吉登斯认为，经济发展与良好的生态管理能够兼得。一个充分考虑生态的立场能促进科技创新，从而提高资源生产率。在知识经济时代，科学技术是一把双刃剑，科学技术既是经济活力和多数创新的源泉，但也可能导致严重的危害性后果（如全球变暖、臭氧层消耗）。吉登斯主张寻求对科学和技术的民主化实现经济发展与良好的生态管理的兼得，即取消专家对专业知识的垄断，把决策者同专家之间的协商变成公共讨论。

六　政策网络理论

政策网络理论起源于20世纪50年代，随着“亚政府”“铁三角”以及“议题网络”等理论发展的不断成长和完善起来。20世纪90年代以来，形成了政策网络治理流派。该理论流派认为，国家与社会不再严格区分，政策制定与执行不是产生权威中心的政府或立法机关，而是包含公共

① 杨雪冬：《吉登斯论“第三条道路”》，《国外理论动态》1999年第2期。

② 张晓慧：《西方国际关系理论思潮专题之五——“第三条道路”理论》，《国际资料信息》2002年第11期。

与私人组织的多元性过程。[①]

为有效解决生态环境治理难题尤其是跨行政区域环境污染的治理，就产生了网络治理模式的需求。在面向可持续发展的跨行政区域环境污染治理中，网络治理是以经济发展和环境容量协调为目标，通过中央政府、地方政府、企业、非营利性组织和非政府组织等方面的有效协调与及时的信息沟通，推动政府、非营利组织、私营部门和公众多元主体共同参与的跨行政区域环境治理模式[②]。

七 博弈理论

博弈理论的形成始于年美国数学家冯·诺伊曼和摩根斯坦合著的《博弈论与经济行为》一书，书中对零和博弈和合作博弈作了深入的探讨，将博弈论的框架首次完整而清晰地表述出来，使博弈理论作为一门学科获得了应有的地位，标志着系统的博弈理论的初步形成。

博弈理论的基本概念包括：参与人、行动、信息、战略、支付函数、结果、均衡。一个基本的博弈由参与人、策略和支付函数三个基本要素组成。博弈除了三个要素外，还有两个重要的方面，即信息（information）和均衡（equilibrium）。在许多博弈模型中，各个参与人不仅对自己的支付函数情况完全清楚，而且对其他参与人的支付函数也都很清楚，比如囚徒困境博弈。但是，并不是所有博弈的博弈参与人都了解各参与人支付函数的全部信息，比如委托—代理博弈。我们将各博弈参与人都完全了解所有参与人各种情况下支付函数的博弈称为“完全信息博弈”（Complete Information），将至少部分参与人不完全了解其他参与人支付函数情况的博弈称为“不完全信息博弈”（Incomplete Information）。在实际研究中，经常会出现一个博弈有多个均衡存在的情况。

博弈理论有三个著名的公共选择分析模型，即公地悲剧模型、囚徒困境博弈模型和集体行动的逻辑模型。这三种分析模型在本质上是一致的，都涉及博弈主体“个人理性”的基本假定和博弈结果的集体非理性。

---

① 孙柏瑛、李卓青：《政策网络治理：公共治理的新途径》，《中国行政管理》2008 年第 5 期。

② 马晓明、易志斌：《网络治理：区域环境污染治理的路径选择》，《南京社会科学》2009 年第 7 期。

一国之内的环境问题，无论其产生还是解决，都存在污染者、居民及政府等决策主体在决策时的相互影响，因此，他们所代表的利益是相互制约的，在信息不对称的情况下，各方不仅要考虑自己对环境保护的支付，同时也要考虑其他方的支付。博弈论作为有力工具来分析环境保护中的各种矛盾冲突，为协调各种利益关系，促进环境保护的科学性、高效性和可持续性提供了新的思路和方法借鉴。

第三章　改革开放以来中国地方政府环境治理能力的现状与评价

世界是变化发展的，“尘世的事物总是不断地发生变迁，没有一件事物能长期处在同一状态中”①。1978 年中国实行改革开放，中心工作是发展经济，摆脱贫困。试图解决某个问题但随之而带来一系列的灾难，这是我们文明生活方式的伴随物。② 改革开放以来中国经济得到了快速发展，但也付出了沉重的环境代价。本章对改革开放以来中国地方政府的环境治理能力进行了定性和定量描述，同时运用 DEA、层次分析法等分析方法对中国 31 个省（自治区、直辖市）地方政府环境治理能力进行评价。

第一节　改革开放以来中国环境问题的特征与治理历程

一　改革开放以来中国环境问题的特征

环境问题与人类的社会经济活动密切相关。从 1978 年到 2018 年，中国国内生产总值从 3645.2 亿元迅速增加到 900309 亿元。③ 在这一增长过程中，工业始终是主导力量。作为现代环境问题之主要内容的环境污染几乎就是工业化的直接产物。从工业化进程看，改革开放后中国经历了四个阶段。第一阶段是经济的恢复阶段（1978—1984 年），以农村改革和农业

---

① ［英］洛克：《政府论》（下篇），叶启芳、瞿菊农译，商务印书馆 1964 年版，第 99 页。

② ［美］蕾切尔·卡逊：《寂静的春天》，吕瑞兰、李长生译，吉林人民出版社 1997 年版，第 8 页。

③ 2018 年全年国内生产总值 900309 亿元，比上年增长 6.6%，https://finance.sina.com.cn/roll/2019-01-21/doc-ihqfskcn8986065.shtml。

大发展为特征，第一产业在国内生产总值的比例超过第三产业（在 1985 年持平，28.5%）。第二阶段是 1985—1992 年，是非农产业较快发展时期，其显著特征是以轻工、纺织为主导的增长期，以满足居民的吃、穿为主。第三阶段是 1993—1999 年，是重化工时代的前导时期，重工业产值比重开始明显超过轻工业。第四阶段是 2000 年以后，中国进入重化工时代，电力、钢铁、机械设备、汽车、造船、化工、电子、建材等产业成为经济增长的主要动力。上述经济增长和工业化进程决定了中国环境问题的四大特征①。

1. 环境问题的类型和恶化程度与经济增长和工业化进程密切相关。从工业增长速度上看，20 世纪 50 年代，我国工业总产值的年平均增长率为 25%。20 世纪 60 年代，我国工业总产值的年平均增长率为 3.9%。20 世纪五六十年代我国的污染较轻。20 世纪 70 年代，我国工业总产值的年平均增长率为 9.1%，我国出现点源污染。20 世纪 80 年代，我国工业总产值的年平均增长率为 13.3%，生态环境呈现边建设边破坏、建设赶不上破坏的状态。进入 20 世纪 90 年代以后，我国工业总产值不断增长，同时我国环境污染和生态恶化加剧。②

2. 压缩型工业化进程带来了复合型环境问题。中国的环境问题从 20 世纪 70 年代开始凸显，90 年代后我国环境污染和生态恶化呈现加剧发展的趋势。可见，中国的环境问题集中出现在这 20 多年里。而发达国家出现的环境问题是上百年工业化过程中分阶段出现的。因此，中国的环境问题呈现结构型、复合型、压缩型的特点。

3. 快速扩张的经济带来巨大的污染排放总量。从 1999 年进入重化工时期，中国工业废气年均增速达到 22%；中国工业废水排放量年均增速达到 8.5%；中国工业固废产生量的增速达到 17%。2008 年中国化学需氧量（COD）和氮氧化物排放量也居世界前列，二氧化碳排放量居世界第二位，消耗臭氧层物质（ODS）和二氧化硫排放量居世界第一，城市生活垃圾清运量也以每年 9.7%的速度增长。

4. 经济发展的“二元结构”造成了环境问题的“二元化”趋势。城

① 《环境与发展战略转型：全球经验与中国对策》，http://www.china.com.cn/tech/zhuanti/wyh/2008-02/26/content_ 10748068_ 7.htm。

② 曲格平：《中国的工业化与环境保护》，《战略与管理》1998 年第 2 期。

市和东部沿海地区是中国工业化最先发端并壮大的地区，同时也是首先出现并恶化环境污染的区域。改革开放之前，中国西部地区和农村由于工业化进程缓慢，环境污染较轻。2008 年许多城市地区的环境质量得到了明显改善，但中西部地区、城郊和农村城镇地区的环境污染加剧，形成新的环境二元化趋势。当代中国城乡环境问题发展的差异在很大程度上是由于城乡控制的二元性造成的，具体体现为控制手段的二元性和控制过程的二元性。①

二 改革开放以来中国环境治理的历程

改革开放以来中国环境治理经历了创建、发展和创新的阶段，探索出一条可持续发展的道路，环境保护也被贯彻成基本国策。

1. 中国环境治理的创建阶段：1978—1992 年

1978—1992 年是中国环境治理的创建阶段。在此期间，党和国家对环境保护工作给予了高度重视，将资源和环境保护写入《宪法》，明确提出保护环境是社会主义现代化建设的重要组成部分，确立了环境保护的基本国策。1979 年 9 月，五届人大十一次常委会通过中华人民共和国的第一部环境保护基本法——《环境保护法（试行）》，中国的环境保护工作开始走上法制化轨道，同时初步确立资源法律体系和污染防治立法体系。在环境管理方面，制定了《征收排污费暂行办法》（1982）、《全国环境监测管理条例》（1983）、《环境保护标准管理办法》（1983）、《关于开展资源综合利用若干问题的暂行规定》（1985）等行政法规。1989 年 4 月底召开的第三次全国环境保护会议确立了环境保护的“三大政策”和“八大制度”。同时为了加强环境的定量管理，20 世纪 80 年代颁布了一批具有规范性的环境质量标准、污染物排放标准、环保基础标准和环保方法标准。到 1992 年，国家规定了各类环境标准共 300 多项。②

在资源和环境保护的管理体系方面，1982 年中国进行机构改革，将国务院环境保护领导小组办公室撤销，并入城乡建设环境保护部，名为环境保护局（作为部内设的司局级机构）。另外，在国家计划委员会内又增

① 洪大用：《我国城乡二元控制体系与环境问题》，《中国人民大学学报》2000 年第 1 期。

② 解振华：《中国的环境问题和环境政策》，《中国软科学》1994 年第 10 期。

设了与环境保护工作有关的国土局。这样，就形成了由环境保护局、国土局和其他工业、资源、卫生等部门共同负责的国家环境与资源保护行政管理体制。1988 年，在国务院机构改革中设立国家环境保护局，并被确定为国务院直属机构。此外，从中央到地方形成了国家级、省级、市级和乡、镇级五级环境管理机构，从而确立了环境保护管理体系。

2. 中国环境治理的发展阶段：1992—2003 年

1992—2003 年是中国认识和实现可持续发展的环境保护阶段。在这期间，中国的环境体制改革进一步深化，确立了走可持续发展的环境保护道路，形成了清洁生产、循环经济、绿色核算、协调发展等新的解决环境问题的对策，完善了资源环境保护的法律法规体系和管理体系，中国的环境治理工作迈上了可持续发展阶段。

1992 年，中国参加了在里约热内卢举行的联合国环境与发展大会。会后，起草的《中国环境与发展十大对策》的政策报告中，明确提出中国在实现现代化过程中，必须实施可持续发展战略。[①] 随后，中国开始组织编制《中国 21 世纪议程》。1994 年 3 月 25 日国务院常务会议讨论并原则通过了《中国 21 世纪议程》，标志着中国的环境保护开始走向可持续发展阶段。党的十五大、党的十六大将可持续发展列为重大战略决策。

1992—2003 年，中国的资源环境法律体系逐步完善，为实现可持续发展的环境保护政策提供了完善的法律支持。同时国家制定了清洁生产、环境影响评价等与环境保护关系密切的法律；国务院制定或修订了《水污染防治法实施细则》《排污费征收使用管理条例》《危险化学品安全管理条例》《建设项目环境保护管理条例》等 50 余项行政法规；国务院有关部门、地方人大和地方人民政府依照职权，制定和颁布了规章和地方法规 660 余件。颁布了 800 余项国家环境保护标准，北京、上海、山东、河南等省（直辖市）制定了 30 余项环境保护地方标准。环境管理体系更加完善，主要表现为：1998 年中国政府将原国家环境保护局升格为国家环境保护总局（正部级），国家建立了区域环境督查派出机构，并建立了全国环境保护部际联席会议制度，各省（自治区、直辖市）、市、县级政府

① 曲格平：《梦想与期待：中国环境保护的过去与未来》，中国环境科学出版社 2004 年版，第 18—19 页。

设置了环境保护议事协调机构。

3. 中国环境治理的创新阶段：2003 年至今

2003 年以后，科学发展观和建立资源节约、环境友好型社会成为指导中国资源环境管理工作的核心思想，和谐社会、清洁生产、循环经济等理念逐步深入人心，节能减排、环境税费改革如火如荼。2005 年 12 月《国务院关于落实科学发展观加强环境保护的决定》掀开了用科学发展观治理环境问题的序幕，2006 年第六次全国环保大会的召开标志着中国的环境治理进入了科学发展阶段。

党的十六届三中全会明确地提出了“坚持以人为本，树立全面协调可持续的发展观”，党的十六届五中全会提出“建设资源节约型与环境友好型社会”的目标，并将节约资源作为基本国策。党的十七大正式提出“建设生态文明”，这是继物质文明、精神文明与政治文明之后我党提出的又一新的发展理念。党的十八大报告把生态文明建设放在突出地位，纳入社会主义现代化建设“五位一体”的总体布局。这些战略决策表明，中国环境与发展的关系从此开始发生重大变化。

2005 年 4 月 13 日，国家环保总局针对圆明园环境整治工程举行了《环境影响评价法》实施后的首次听证会。2006 年 3 月，国家环保总局颁布中国环保领域第一部公众参与的规范性文件——《环境影响评价公众参与暂行办法》。2008 年 5 月 1 日起正式施行的《环境信息公开办法（试行）》，是第一部有关环境信息公开的综合性部门规章，对于促进公众参与环境保护具有重要意义。

2006 年国家环保总局组建 11 个地方派出执法监督机构，“国家监察、地方监管、单位负责”的环境监察体制进入实施阶段。生态环境监察试点在全国 107 个地区展开。初步形成全国自然保护区网络。核与辐射管理基本处于受控状态，放射源得到初步控制。2008 年，国家环保总局升格，成为环境保护部。环保总局“升格”后，其管辖范围并未发生改变，但地位得到了强化。成为国务院“内阁成员”后，环保部门参与决策的层次不一样了，这使得环保部门进入了我国决策体系的核心层。2012 年 11 月，党的十八大报告将生态文明建设纳入社会主义现代化建设“五位一体”的总体布局。2013 年 11 月《中共中央关于全面深化改革若干问题的决定》指出，应建立系统完整的生态文明制度体系，用制度保护生态环境。

党的十八大以来，党中央不断推进生态环境治理的理论、制度和实践创新。理论层面，习近平总书记提出，维护良好的生态环境则是人民群众最大的福祉；保护生态环境就是保护生产力、改善生态环境就是发展生产力；既要绿水青山，也要金山银山；党的十八届五中全会提出“创新、协调、绿色、开放、共享”的五大发展理念，启示我们在发展中贯彻绿色发展理念；用最严密的法治保护生态环境；人与自然是生命共同体，树立生态全球观。制度层面，建立体现生态文明要求的考评体系，引导领导干部树立绿色 GDP 政绩观；创新领导干部生态环境治理责任机制，建立中央和省级环保督察、问责和追责机制，实施领导干部自然资源资产离任审计并严格实行生态环境保护“党政同责”“一岗双责”“终身追责”；组建生态环境部、建立权威统一的环境执法体制、推行省以下环保机构监测监察执法垂直管理制度、实施区域大气污染联防联控机制、全面推行河长（湖长）制等。实践层面，相继出台《关于加快推进生态文明建设的意见》《生态文明体制改革总体方案》，对生态文明建设进行全面系统部署。同时发布实施了水、大气、土壤污染防治三大行动计划，推动生态环境治理进入新的发展阶段。

第二节　改革开放以来中国地方政府环境治理能力的定性和定量描述

一　改革开放以来中国地方政府环境治理能力的定性描述

政府环境治理能力的实施效果从某种程度上是可以通过环境绩效显示出来的，环境绩效（Environmental Performance）反映了政府在环境保护方面工作的实际效果。由于目前欠缺这方面的专门评估，所以只能通过环境质量的变化情况、群众的环境满意情况进行一定的说明。虽然环境质量的变化和群众的环境满意很复杂，受多样因素的影响，但是与我国政府环境治理能力的关系最为密切，所以，选择这两个侧面或指标有一定的说服力。在中国环境管理的初期确立阶段，属于“中央集权型”环境行政。随着改革开放进程的推进，从 20 世纪 80 年代后期开始，中国的环保行政发生了巨大变化，环境管理中地方行政的作用越来越重要。因此，中国环境质量的变化情况、群众的环境满意情况也能反映地方政府环境治理能力的实施效果。

1. 中国环境质量的变化情况

20 世纪 80 年代，对于我国环境保护工作的效果，国家和民间机构已进行了一些评价和分析。比较统一的看法是，我国的环境保护工作取得了很大的成就，在经济快速增长的同时，避免了环境质量的急剧恶化。但是，环境的实际状况仍是不能令人满意的，并且其发展趋势是以一定的速度在恶化。以下是官方在正式文件中对环境状况存在问题的一些评价。

1989 年《第三次全国环境保护会议工作报告》指出："我们面临的环境形势仍是十分严峻的，可以用这样三句话来概括：局部有所改善，总体还在恶化，前景令人担忧。"① 1996 年《第四次全国环境保护会议报告》指出："虽然我国环保事业有了较大发展，某些环境质量指标恶化趋势有了一定程度的缓解，但是以城市为中心的环境污染正在加剧并向农村蔓延，生态破坏的范围在扩大，程度在加重。"②《1999 年中国环境状况公报》指出："全国环境形势仍然相当严峻，生态恶化加剧的趋势尚未得到有效遏制，部分地区生态破坏的程度还在加剧。" 2005 年，"我国环境保护虽然取得了积极进展，但环境形势严峻的状况仍然没有改变"。2012 年，环境保护各项工作取得积极进展，但是环境形势依然严峻，污染治理任务依然艰巨。③ 2014 年 6 月 4 日，环境保护部介绍 2013 年环境质量状况：环境质量状况总体向好，生态保护形势依然严峻。

2. 群众的环境满意情况

环境卫生问题关乎人民群众的切身利益，群众的来信、来访以及环境群体性事件体现了群众对环境的满意情况。根据《中国环境年鉴》统计，1996—2007 年中国各级环保行政主管部门受理的因环境污染来信总数、

---

① 中国环境年鉴编委会：《中国环境年鉴》，中国环境科学出版社 1990 年版，第 38 页。

② 同上书，第 16—17 页。

③《全国环境统计公报（2012）》，http://zls.mep.gov.cn/hjtj/qghjtjgb/201311/t20131104_262805.htm。

来访人数和来访批次总体上成逐年上升态势，2007 年有所下降。21 世纪初，因环境问题引发的群体性事件以年均 29%的速度递增，已成为引发社会矛盾，影响经济、社会发展的重大问题。[①]

可见，我国从 20 世纪 80 年代以来，局部地区环境污染有所改善，全国依然面临严峻的环境状况。由此看来，我国政府尤其是地方政府环境治理能力亟须提升。

二　改革开放以来中国地方政府环境治理能力的定量描述

污染物排放总量及单位 GDP 污染物排放的变化趋势，“十五”“十一五”期间单位 GDP 的 COD 排放绩效，单位 GDP 的废水排放绩效及城市空气质量达标的比例等定量指标反映了改革开放以来中国地方政府环境治理能力的变化。

1. 1978—2008 年中国污染物排放总量及单位 GDP 污染物排放的变化趋势。中国是世界上最大的发展中国家。自 1978 年实行改革开放政策以来，中国的经济取得了令世人瞩目的辉煌成绩。中国在发展经济的同时，相应采取了一系列较为严格和有效的环境保护政策措施，使得环境质量恶化的速度大大低于同期经济增长速度，有效缓解了经济增长对环境的压力。1981—2008 年，中国 GDP 年均增长 12.3%，而污染物排放年平均增长速度最高的只有 8.42%（废气），并且，工业废物化学需氧量（COD）排放（-0.49%）和烟尘排放（-1.44%）还出现了负增长。而所有污染物的单位 GDP 污染排放均呈下降趋势。2007 年 12 月，国家发展改革委宣布，前三季度我国单位 GDP 能耗同比下降了 3%左右，二氧化硫和化学需氧量排放量扭转了连续几年上升的趋势，出现近年来的首次下降，降幅分别为 1.8%和 0.28%。[②] 2008 年，污染减排取得突破性进展。化学需氧量和二氧化硫排放量比上年分别下降 4.42%和 5.95%，比 2005 年分别下降 6.61%和 8.95%，首次实现了任务完成进度赶上时间进度，为全面完成“十一五”减排目标打下了坚实基础。[③]

---

① 于建嵘：《当前农村环境污染冲突的主要特征及对策》，《世界环境》2008 年第 1 期。

② 朱剑红：《今年前三季度单位 GDP 能耗下降情况趋好》，http：//finance.cctv.com/20071209/100552.shtml。

③ 《2008 年中国环境状况公报》，http://www.sepa.gov.cn/plan/zkgb/2008zkgb/。

张晓、赵细康等利用环境库兹涅茨曲线推断自改革开放以来“中国政府所推行的环境政策是比较成功的”①。世界银行专家、中科院、环科院乃至绿色 GDP 专家组的核算结果均表明我国因环境污染造成的损失相当于国内生产总值的 3%—8%，而 20 世纪 90 年代有关研究的数据显示，发达国家均在 10%以上，甚至达到 15%以上。②

中国经济增长与环境保护关系改善还体现在二氧化碳排放的控制方面。虽然中国 21 世纪初单位 GDP 的二氧化碳排放水平仍然处于较高水平，不仅远高于亚洲的日本和韩国，并且也高于印度尼西亚和印度，但下降的幅度却是几个国家中水平最高的，这从一个侧面反映出中国环境保护的力度在不断加大。③

2. 中国环境质量保持了平稳向好的趋势，主要环境质量指标都有不同程度的改善。随着中国经济的快速发展，中国解决环境问题的投入力度不断加大，环境保护的科技投入也在不断加强。自 20 世纪 80 年代以来，中国快速减少了单位 GDP 的能耗。这表明中国持续引进了新的技术来提高生产效率。

据统计，“十五”期间，由于环境新技术的采用和污染治理有效性的增强，中国 COD 的排放绩效在“十五”期间下降较为明显，较 2001 年，2005 年单位 GDP 的 COD 排放绩效下降了 39.45%。④ “十五”期间单位 GDP 的废水排放绩效不断下降。“十一五”期间，虽然中国经济快速增长，环境质量保持了平稳向好的趋势，主要环境质量指标都有不同程度的改善。⑤ 2008 年与 2005 年相比，中国 COD 净削减量为 93.5 万吨，净削减比例为 6.61%，其中工业 COD 净削减量 97.1 万吨，城镇生活 COD 净

① 参见张晓《中国环境政策的总体评价》，《中国社会科学》1999 年第 3 期；赵细康等《环境库兹涅茨曲线及在中国的检验》，《南开经济研究》2005 年第 3 期。

② 周宏春、季曦：《改革开放三十年中国环境保护政策演变》，《南京大学学报》（哲学人文科学社会科学）2009 年第 1 期。

③ 赵细康等：《环境库兹涅茨曲线及在中国的检验》，《南开经济研究》2005 年第 3 期。

④ 《中国环境与发展国际合作委员会课题组：通过创新建设环境友好型社会：挑战与选择》，http：// www.china.com.cn/tech/zhuanti/why/2008-02/26/content_ 10734696.htm。

⑤ 环境保护部公布 2010 年全国环境质量状况报告，http：//www.gov.cn/gzdt/2011-01/15/content_ 1785113.htm。

增加量 3.6 万吨。①

3. 空气质量差、水资源污染严重、土地被破坏等生态环境问题严重，局部虽有改善，但是治理能力不及破坏速度，整体趋势依旧不容乐观。②我国污染物排放量逐渐降低，但排污总量居高不下，空气污染程度并没有取得跨越性的改善。2014 年全国 161 个城市空气质量日报统计显示，57%的城市笼罩在大气污染之下，只有 3%的城市空气质量为优。就各流域水污染状况而言，2013 年度长江、黄河等十大流域的国控断面中，Ⅰ—Ⅲ类水质断面比例为 71.7%，Ⅳ—Ⅴ类水质断面比例为 19.3%，劣Ⅴ类水质断面比例为 9.0%。而居民赖以生存的地下水水质有进一步恶化的趋势。中国在 49 年（1961—2009）间的耕地面积缩小迅速，土地退化加剧。

自 20 世纪 80 年代以来，环境恶化趋势基本得到控制，环境质量持续好转，说明中国政府尤其是地方政府环境治理能力不断增强。但据测算，中国目前二氧化硫、二氧化碳、化学需氧量排放量等主要污染物排放大多已远远超过环境容量，环境污染事故进入高发时期。“十一五”期间中国氮氧化物排放量呈增长趋势，2009 年，中国氮氧化物排放量为 1692.7×10^4吨，比 2006 年增加 11.1%。氮氧化物排放量的增加对进一步改善空气质量形成巨大压力。产业转移带来的污染转移问题影响中西部地区环境质量持续改善。农村环境污染问题更加复杂。生活污染源排放量居高不下。③严峻的现实告诉我们，不打破资源环境瓶颈，中国的资源能源将难以支撑，生态环境将难以承受，国家安全也将难以保证。因此要实现我国经济的可持续发展目标，建设资源节约型、环境友好型社会，必须进一步提升我国政府尤其是地方政府环境治理能力。

① 董文福：《“十一五”期间中国 COD 减排情况分析》，《环境污染与防治》2010 年第 6 期。

② 董邦俊、邹博：《中国环境保护现状及强化保护策略分析》，《江西科技师范大学学报》2014 年第 4 期。

③ 李名升等：《“十一五”期间中国环境质量变化特点及压力分析》，《环境科学与管理》2011 年第 10 期。

第三节　改革开放以来中国地方政府环境治理能力问卷调查

一　问卷调查的开展

1. 调查区域、对象与时间

调查区域覆盖东、中、西部省区，东部省区选取江苏省、广东省，中部选取湖南省、湖北省，西部选取云南省、甘肃省。每一个省区的调查覆盖城市和农村地区。调查对象为 18 岁以上、70 岁以下具有合法权益并可独立回答问题的公民，包括户籍人口和非户籍常住人口。调查时间为 2010 年 7—8 月，即学生暑假期间。

2. 抽样与调查方式

调查员为中南林业科技大学 2008 级、2009 级环境与资源保护法学硕士研究生和 2007 级、2008 级、2009 级行政管理专业本科生。在正式调查前，对所有调查人员进行了专门培训，并在长沙县跳马镇进行了预调研，根据预调研情况对问卷进行了完善。本次调查选取了江苏省苏州市、洪泽县，广东省东莞市、阳山县，湖南省株洲市、隆回县，湖北省武汉市、云梦县，云南省玉溪市、香格里拉县，甘肃省天水市、陇西县。

3. 有效样本量及样本结构

按照每个市（县）60 份问卷的标准，本次调查共发放问卷 720 份，剔除填写不规范或者关键信息缺失的问卷 20 份，最终获得有效问卷 700 份，问卷有效率 97.2%。

合格问卷采用 SPSS 软件录入统计，针对样本结构，如年龄、学历、职业与当地常住人口总体结构进行对照，检验样本的代表性。样本结构如表 3-1 所示。

表 3-1　　问卷调查的样本情况　　单位：%

样本性别	男	52.1
	女	47.9
样本年龄（岁）	16—20	16.7
	21—30	22.6

续表

样本年龄（岁）	31—40	21.2
	41—50	20.5
	51—60	12.5
	61—70	6.6
样本学历	小学	12.2
	初中	21.8
	高中	25.6
	大专	16.3
	本科	16.7
	研究生	7.4
样本职业	外企员工	9.4
	私企员工	16.2
	国企员工	9.7
	科教文卫者	6.6
	公务员	1.5
	自由职业者	5.8
	私营业主	9.8
	失业下岗	8.6
	学生	15.4
	农民	11.6
	其他	5.4

4. 问卷调查的内容

为了深入了解地方政府环境治理能力，在问卷中主要设计了如下问题：

（1）所在地地方政府领导是否重视环境保护？

（2）地方政府环境治理能力主要体现在哪方面？

（3）当前我国地方政府环境治理能力怎样？当前我国地方政府环保部门的监管能力怎样？

（4）您对您居住的城区（农村）环境状况满意吗？这些年来，您居住地所在城区（农村）的环境有没有什么变化？您居住所在城区、农村及企业的环境保护工作做得怎么样？您周围人们的环境保护意识怎样？

（5）当前我国地方政府环境治理能力的制约因素最主要是什么？当前制约我国地方政府环保部门监管能力的原因是什么？治理跨行政区的生态环境问题的最大障碍是什么？导致我国生态环境恶化的罪魁祸首是谁？造成城市环境问题的主要原因是什么？

（6）提升地方政府环境治理能力主要措施是什么？要增加人们的环境知识，您认为采取什么途径最好？

二 调查结果的统计与分析

根据调研数据，利用 SPSS13.0 对 700 个调查样本进行描述性统计与分析。

1. 对当前环境状况及环境治理工作的评价

调研统计数据表明，46.4%被调查者对居住的城区环境状况不太满意，51.9%被调查者对居住的农村环境状况不太满意。59.2%、55.7%被调查者认为，居住地所在城区、农村的环境由好变坏或环境一直不好。55.7%、74.7%、78%被调查者认为，居住所在城区、农村、企业的环境保护工作只重视经济发展，忽视了环保，或者是重视不够，环保投入不足。40.7%被调查者认为所在地地方政府领导对环境保护不重视。

40.6%被调查者认为当前我国地方政府环境治理能力弱；41.4%被调查者认为当前我国地方政府环保部门的监管能力弱。被调查者对周围人们的环境保护意识评价情况：7.2%认为周围人们几乎没有环境保护意识；26.1%认为周围人们环境保护意识非常弱；46.8%认为周围人们环境保护意识较弱；19.8%认为周围人们环境保护意识强。

导致我国生态环境恶化的罪魁祸首，58.4%认为是污染企业；26.5%认为是地方政府。造成城市环境问题的主要原因，28.6%认为是政府对环境问题重视程度不够、执法不严；27.3%认为是企业只注重自身发展而忽视环保；14.8%认为是法律法规不健全；12.8%认为是消费快速增长；12.5%认为是各种企业、组织不合法行为；4.0%认为是经济发展过快。

2. 地方政府环境治理能力的制约因素

调研统计数据表明，被调查者对当前我国地方政府环境治理能力的主要制约因素的看法，17.2%认为是环境管理体制的弊端；15.5%认为是地方政府领导的漠视；15.2%认为是环境执法不力；13.3%认为是地方财力有限；12.9%认为是公众环保参与不够；10.0%认为是环境污染的历史欠账太多；8.4%认为是法规制度不完善；7.1%认为是企业的不配合；0.3%认为是其他原因。

被调查者对当前制约我国地方政府环保部门监管能力的主要原因的看法，24.3%认为是环保法规制度不完善；22.7%认为是环保部门的人、财、物仰仗地方政府；17.8%认为是环保部门执法者的腐败；17.4%认为是环保部门监测设备落后；15.8%认为是环保部门人员素质不高；20.0%认为是其他原因。

3. 提升地方政府环境治理能力的对策建议

调研统计数据表明，提升地方政府环境治理能力的对策建议，19.5%认为是政府领导的真正重视；16.9%认为是增加环境保护方面的投入；15.9%认为是提高环境部门的执法能力；13.0%认为是企业环境管理制度的改革和完善；10.7%认为是加强环境保护宣传；9.1%认为是公民自发的环境保护运动；7.5%认为是环境法制法规建设；7.1%认为是科学技术进步；0.3%认为是其他措施。

第四节　改革开放以来中国地方政府环境治理能力的评价

目前，地方政府能力研究正趋于升温阶段。政府能力虽然是一个不新的话题，但地方政府能力的量化评价却不多。[①] 为此，本书试图寻找和建立一个较为科学的定性描述和定量分析有机结合的指标体系，并以此来测量和评价地方政府环境治理能力的状况，从而对地方政府环境治理能力水平作出恰当、准确的评估和比较。

一　地方政府环境治理能力评价指标设计的原则

对地方政府环境治理能力进行综合评价，确定评价的指标体系是基础。只有设计科学合理的评价指标体系，才有可能得出科学公正的综合评

① 邹再进、张继良：《中国地方政府能力评价研究》，《云南财贸学院学报》2005年第5期。

价结论。地方政府环境治理能力评价指标体系的构建应遵循以下原则。

第一，精简原则。评价指标并非多多益善，关键在于评价指标在评价过程中所起作用的大小。地方政府环境治理能力评价是一个复杂的系统，在同等重要律和最小量限制律的双重要求下，评价指标体系应作为一个有机的整体，全面、科学、准确地描述反映现阶段地方政府环境治理能力的水平和特征。

第二，层次性原则。人类对复杂问题的观察和认识，通常难以一次性地洞悉问题的全部细节，而是采用逐步深入的分层递阶方法去观察和认识。因此在构建地方政府环境治理能力的评价指标体系时，指标的组织必须依据一定的逻辑规则，具有较强的结构层次性。

第三，可操作性原则。评价指标体系中的各指标应符合客观实际水平，有稳定的数据来源，易于操作，也就是应具有可测性。因此，评价指标体系中的各指标应便于获取和计算，不必再作大量的调查和研究，尽可能采用富有代表性、多用途性和可定量化的指标。

第四，动态性原则。地方政府环境治理能力是一个动态变化的过程。因此，确定的指标体系应充分考虑系统的动态变化，针对不同发展阶段的地方政府环境治理能力，适时地修订指标体系，制定不同的评价标准。

二 地方政府环境治理能力评价指标体系的构建

遵循地方政府环境治理能力的内涵和指标设计的原则，地方政府环境治理能力评价指标体系由目标层、准则层和指标层组成。目标层即地方政府环境治理能力的总和，准则层反映能力结构，指标层是构成能力值的基本单元，共计由 14 个指标组成，具体见表 3-2。

1. 地方政府环境制度供给能力指标。许多环境问题，或因价格不合理或因产权无法界定显示的市场缺陷，就必须由非市场的政府行为来进行干预。政府的干预主要是提供制度或激励性的“制度安排”。地方政府环境制度供给能力主要由地方环境法规的数量、地方环境规章的数量、地方环境标准的数量、地方环境政绩考核制度的完善度、地方环境市场制度的完善度 5 个指标加以明细。

2. 地方政府环境公共监管能力指标。几十年来，国内外的环境管理经验告诉我们，环境治理成功的关键在于监督的有效性。地方政府环境公共监管能力主要由地方环境监管机构人员素质程度、地方环境监管权能配置合理度、地方环境监管技术创新能力3个指标加以明细。

3. 地方政府环境公共服务能力指标。为公众和企业提供包括污水处理、废物和垃圾的收集与处理，保证水体、空气、生活环境的清洁优美，保证生态环境的安全等，是任何现代国家公共服务的基本职能。地方政府环境公共服务能力主要由地方环境保护经费占GDP比例、公众的环境满意度2个指标加以明细。

表3-2　　地方政府环境治理能力评价指标体系

目标层	准则层	指标层	指标类别
地方政府环境治理能力	环境制度供给能力（V_1）	地方环境法规的数量（V_{11}）	定量指标
		地方环境规章的数量（V_{12}）	定量指标
		地方环境标准的数量（V_{13}）	定量指标
		地方环境政绩考核制度的完善度（V_{14}）	定性指标
		地方环境市场制度的完善度（V_{15}）	定性指标
	环境公共监管能力（V_2）	地方环境监管人员素质程度（V_{21}）	定性指标
		地方环境监管权能配置合理度（V_{22}）	定性指标
		地方环境监管技术创新能力（V_{23}）	定性指标
	环境公共服务能力（V_3）	地方环境保护经费占GDP比例（V_{31}）	定量指标
		公众的环境满意度（V_{32}）	定性指标
	环境合作共治能力（V_4）	环境非政府组织的数量（V_{41}）	定量指标
		公民环境意识指数（V_{42}）	定量指标
		实施清洁生产企业的比例（V_{43}）	定量指标
		跨行政区流域环境治理的合作度（V_{44}）	定性指标

4. 地方政府环境合作共治能力指标。政府环境多中心合作共治能力的提升要求政府主动寻求企业、非政府组织、公民的支持，与社会各界建立合作型的伙伴关系，建立容纳多主体的政策制定和执行框架，形成共同分担环境责任的机制。另外，多年以来跨界的环境污染得不到有效的解决，已经成为中国环境治理上一个反复发作的顽症。因此，地方政府环境合作共治能力主要由环境非政府组织的数量、公民环境意识指数、实施清洁生产企业的比例、跨行政区流域环境治理的合作度4个指标加以明细。

三　地方政府环境治理能力评价指标权数的测度

为了体现各个评价指标在评价指标体系中的作用地位以及重要程度，在指标体系确定后，必须对各指标赋予不同的权重系数。指标权数的测度是个难点，至今没有一个令人信服的有效解决方法。在对指标体系进行权数确定时常用的方法有层次分析法（Analytic Hierarchy Process，简称AHP）、平均赋权法、主成分分析法和专家估测法等方法。层次分析法是目前使用较多的一种方法。该方法对各指标之间重要程度的分析更具逻辑性，再加上数学处理，可信度较大，应用范围较广。专家估测法依据评委专家的知识、经验和个人价值观对指标体系进行分析、判断并主观赋权。主成分分析法是将多个指标问题简化为少数指标问题的一种多元统计方法。为了比较客观同时又比较准确地反映地方政府环境治理能力各项指标在总指标体系中的重要程度，笔者认为运用层次分析法（AHP）和专家估测法对各指标予以赋权比较合适。

1. 评价体系指标值的预处理

由于各具体指标的单位不一、属性不同、大小差别也较大，使指标之间存在不可公度性，加大了评价的难度，因此在进行综合评价前，必须将各指标的数值转化为具有可比性的“标准值”。标准化处理指标数值的过程中，要注意以下几方面问题。

第一，无量纲化。由于不同的指标数据有不同的量纲，使指标之间缺乏可比性。因此，在进行评价时，需要消除原始变量（指标）量纲的影响，即设法消去量纲，仅用数值的大小来反映指标的优劣，这就是无量纲化。

第二，定性指标的定量化处理。地方政府环境治理能力评价中有相当一部分是定性指标，如何使这些定性指标进行定量化处理？本书采用格栅获取法量化定性指标变量。如表3-3所示。

表3-3　刻度指标实现程度的评价

序号	最小	次小		较大	最高
1	或最少	或最少		或较多	或最多
2	或最差	或次差	中等	或较好	或最好

续表

序号	最小	次小		较大	最高
3	或最低	或次低	一般	或较高	或最高
4	或最弱	或次弱	中等	或较强	或最弱
5	1	2	3	4	5

对评价指标的评价，较多的是依靠评价人员的个人判断和调查法进行确定，获取定性指标的定量化数值，如表 3-4 所示。

表 3-4　定性指标的定量化

分类评价	单项评价	1	2	3	4	5
地方环境政绩考核制度的完善度	地方环境政绩考核制度的完善度					

注：评价等级分别表示评价对象所列指标的优秀、良好、一般、次差、最差五个等级。

2. 评价体系指标权重的测度

由于地方政府环境治理能力是一个由相互关联、相互制约的众多因素构成的复杂多级递阶系统，对其进行评价比较合适的方法是层次分析法（Analytic Hierarchy Process，简称 AHP）。应用层次分析法分析社会的、经济的以及科学管理领域的问题，首先要把问题条理化、层次化，构造出一个层次分析结构的模型。层次分析模型主要分为三层：目标层 G、准则层 A 和方案层 B。在确定层次结构后开始构造比较判断矩阵，一般通过比较标度法（见表 3-5）进行矩阵构造，其方式如下。

表 3-5　1—9 比较标度法运用

序　号	重要性等级	C_{ij}赋值
1	i，j 两元素同等重要	1
2	i 元素比 j 元素稍重要	3
3	i 元素比 j 元素明显重要	5
4	i 元素比 j 元素强烈重要	7
5	i 元素比 j 元素极端重要	9
6	i 元素比 j 元素稍不重要	1/3
7	i 元素比 j 元素明显不重要	1/5
8	i 元素比 j 元素强烈不重要	1/7

续表

序　号	重要性等级	C_{ij}赋值
9	i 元素比 j 元素极端不重要	1/9

注：C_{ij}表示因素 i 和因素 j 相对于目标重要值。C_{ij} = {2，4，6，8，1/2，1/4，1/6，1/8} 表示重要性等级介于 C_{ij} = {1，3，5，7，9，1/3，1/5，1/7，1/9}。这些数字是根据专家进行定性分析的直觉和判断力而确定的。

为了保证应用层次分析法分析得到的结论合理，需要对构造的判断矩阵进行一致性检验。一般通过利用一致性指标 CI、随机一致性指标 RI 和一致性指标 RI 对判断矩阵进行一致性检验。一致性指标 CI 的计算公式定义为：

$$CI = \frac{\lambda_{\max} - n}{n - 1}$$

$\lambda_{\max}$ 为矩阵的最大特征根，n 为指标个数。当 CI = 0 时，该判断矩阵具有完全一致性，CI 的值越大，判断矩阵的一致性越差。因此，为了进一步检验判断矩阵的一致性是否达到令人满意的一致性程度，需要通过将 Cl 与平均随机一致性指标 RI 进行比较。对于 1—9 阶判断矩阵，RI 的值分别列于表 3-6 中。

表 3-6　　RI 值

1	2	3	4	5	6	7	8	9
0. 00	0. 00	0. 58	0. 90	1. 12	1. 24	1. 32	1. 41	1. 45

对于 1、2 阶段判断矩阵来说，由于其判断矩阵总是具有完全一致性，RI 只是形式上的。当阶数大于 2 时，Cl 与 RI 的比值为 CR。当 CR<0. 1 时，判断矩阵具有满意的一致性，否则就需要调整判断矩阵。

为了从判断矩阵中提炼出有用的信息，达到对事物的规律性认识，为决策提供科学的依据，就需要计算每个判断矩阵的权重向量和全体判断矩阵的合成权重向量。通过两两对比按重要性等级赋值，从而完成从定性分析到定量分析的过渡。各评价指标相对于总目标的权值为：

$$w_i = l_i \cdots\cdots \prod_{i=1}^{k} a_{ij} \cdots\cdots i = 1,\ 2,\ \cdots\cdots n$$

li 为评价指标 vi 在最低层层次单排序中所得权值；k 为评价目标树中

指标 vi 的祖先数；aij 为指标 vi 的第 j 个祖先在层次单排序中所得权值，对于根节点 ai1 = 1。

3. 评价体系指标值的综合

解决了指标权重和指标的标准化处理这两个关键性的问题后，即可量化值加权函数的方法计算综合评估结果。计算公式为：

$$h_j = \frac{\sum_{r=1}^{s} u_r y_{rj}}{\sum_{i=1}^{m} v_i x_{ij}}$$

式中：$h_j = \frac{\sum_{r=1}^{s} u_r y_{rj}}{\sum_{i=1}^{m} v_i x_{ij}}$ 代表评价系统级第 i 个综合评价指数；$h_j = \frac{\sum_{r=1}^{s} u_r y_{rj}}{\sum_{i=1}^{m} v_i x_{ij}}$ 代表该区域第 i 个评价指数；$h_j = \frac{\sum_{r=1}^{s} u_r y_{rj}}{\sum_{i=1}^{m} v_i x_{ij}}$ 代表该区域第 i 个的权数值；n 代表该区域的个数。

四　省级地方政府环境治理能力的 DEA 评价

地方政府环境治理能力是一个多方投入、多方产出的复杂系统，传统的评估方法，如投入产出法、效益成本比率法、模糊综合评估法等方法难以对多方投入、多方产出的复杂系统进行评价。数据包络分析（Date Envelopment Analysis，简称 DEA）是以“相对效率”概念为基础，根据多指标投入和多指标产出对相同类型的单位（部门）进行相对有效性或效益评价的一种新的系统分析方法。它对社会经济系统多投入和多产出相对有效性评价，是独具优势的。因此数据包络分析适合运用于地方政府环境治理能力的评价与比较。

1. DEA 评价模型的原理和方法

首先，划分决策单元。

DEA 使用数学规划模型评价具有多个输入和多个输出的“部门”或“单位”间的相对有效性（DEA 有效），这些“部门”或“单位”就是 DEA 模型的决策单元（Decision Making Unit，简称 DMU），也就是评价对象。

其次，确定评价指标体系。

DEA 模型是利用决策单元的投入和产出指标数据对评价单元的相对有效性进行评定，因此，指标体系的科学确定是运用该模型的基本前提。在确定指标体系时，应充分考虑决策单元之间的一致性和指标的重要性、可获得性、可操作性和针对性。

最后，构建评价模型。

设接受评估的 DMU 一共有 n 个，$X_j=(x_{1j}, x_{2j}\cdots x_{mj})$ T，$Y_j=(y_{1j}, y_{2j}\cdots y_{sj})$ T（j=1，2…n），x_j和 y_j表示输入和输出且输入输出分量非负，v_i表示第 i 种输入要素的权重，u_r表示第 r 种输出要素的权重。由此 DMU 的效率评价指数为：

$$h_j=\frac{\sum_{r=1}^{s}u_r y_{rj}}{\sum_{i=1}^{m}v_i x_{ij}}\qquad (j=1，2\cdots\cdots n)$$

选择适当的 v 和 u，使 $h_j\leqslant 1$，j=1，2…n，h_j是 DMUj 的各输出指标值加权之和与各输入指标值加权之和的比率，取值范围在 0—1 之间。

以第 j_0个决策单元的效率指数为目标，以所有决策单元（含第 j_0个决策单元）的效率指数为约束，就构造出 C_2R 模型：

$$(C^2R-P)\cdots\cdots\begin{cases}\max\cdots\cdots k^T Y_0=V_{PI}\\ st\cdots\cdots w^T X_j-k^T Y_j\geqslant 0\cdots\cdots(j=1，2\cdots\cdots n)\\ \cdots\cdots w^T X_0=1\\ \cdots\cdots w\geqslant 0，k\geqslant 0\end{cases}$$

这个规划模型是一个分式模型，我们可以经 Charnes-Cooper 变换，将其转化成一个等价的线性规划模型。令 $t=1/v^T X_0$，w=tv，k=tu，则原有的 C^2R 分式规划模型转化为：

$$(C^2R-P)\cdots\cdots\begin{cases}\max\cdots\cdots h_0=\dfrac{u^T Y_0}{v^T X_0}=V\\ st\cdots\cdots h_j=\dfrac{u^T Y_0}{v^T X_0}\leqslant 1\cdots\cdots(j=1，2\cdots\cdots n)\\ \cdots\cdots v\geqslant 0，u\geqslant 0\end{cases}$$

用线性规划的最优解可以定义决策单元 j_0 的有效性，由此看来，利用上述模型来评价决策单元 j_0 是不是有效是相对于其他所有决策单元而言的。

2. 省级地方政府环境治理能力 DEA 评价

首先，明确指标体系及其数据来源。

本书构建了地方政府环境治理能力的评价指标体系，同时选取 2013 年全国 31 个省、自治区及直辖市作为 DEA 决策单元。地方政府环境治理能力评价的原始数据主要来源于 2013 年的中国统计摘要、中国统计年鉴、中国环境统计年鉴。同时课题组成员开展了为期一个半月的实地调研，到湖南、云南、广东省级部门发放问卷调查，并到个别部门进行访谈。在权重设计上，采用专家打分方法。

其次，建立输入输出指标体系并进行评价。

为了使各地方政府之间的环境治理能力具有可比性，本书从地方政府环境治理能力评价指标体系中选取 12 个指标建立输入输出指标体系，通过 DEA 模型计算，获得了 2013 年全国 31 个省、自治区及直辖市的输入输出情况（见表 3-7）。根据表 3-7 反映各省份政府环境治理能力情况的数据，利用 DEA 软件进行求解，可得 DEA 评测结果（见表 3-8）。

表 3-7　　2013 年各省区政府环境治理能力的输入输出情况

DMU	X_1	X_3	X_6	X_9	X_{10}	X_{14}	Y_1	Y_2	Y_4	Y_7	Y_{11}	Y_{12}
北京	0.04256	0.03427	0.02417	0.03106	0.05481	0.03021	0.01355	0.01294	0.01434	0.01299	0.02042	0.00125
河北	0.02364	0.03454	0.02104	0.01017	0.02121	0.02252	0.02140	0.01351	0.00435	0.01246	0.02487	0.00129
内蒙古	0.02164	0.01887	0.01239	0.02460	0.02474	0.00465	0.02135	0.00805	0.01872	0.02941	0.02264	0.01523
吉林	0.03012	0.03105	0.02985	0.03524	0.02857	0.00798	0.02353	0.01251	0.02442	0.01058	0.01146	0.02321
宁夏	0.02130	0.01024	0.00825	0.01265	0.00236	0.00145	0.00825	0.01248	0.00980	0.02841	0.00747	0.00875
四川	0.04022	0.03152	0.03010	0.02610	0.04203	0.00550	0.00573	0.02487	0.01257	0.02144	0.04124	0.01204
新疆	0.01010	0.14302	0.14270	0.02472	0.00135	0.00898	0.01241	0.00274	0.00165	0.01458	0.01287	0.00147
山西	0.02101	0.02174	0.02113	0.01207	0.02165	0.00758	0.00982	0.01160	0.01726	0.02214	0.21106	0.01682
广西	0.01400	0.01409	0.01382	0.02147	0.02445	0.00228	0.00925	0.01074	0.01525	0.01602	0.01047	0.01508
上海	0.05440	0.01577	0.01524	0.02872	0.00442	0.00357	0.02415	0.01470	0.02473	0.02431	0.02206	0.02457
天津	0.03412	0.02602	0.02580	0.02502	0.02514	0.01098	0.00355	0.02431	0.00350	0.02200	0.00341	0.00326
浙江	0.05508	0.04959	0.04921	0.01446	0.02527	0.03264	0.01322	0.00172	0.00374	0.02514	0.03302	0.00358

续表

DMU	X_1	X_3	X_6	X_9	X_{10}	X_{14}	Y_1	Y_2	Y_4	Y_7	Y_{11}	Y_{12}
重庆	0.02415	0.03327	0.03210	0.00178	0.02241	0.01014	0.02151	0.00280	0.02170	0.02124	0.00205	0.02157
湖南	0.04152	0.02276	0.02145	0.02168	0.01670	0.00248	0.02135	0.02172	0.04221	0.02211	0.01104	0.04185
云南	0.02100	0.02703	0.02546	0.00519	0.00409	0.02287	0.01482	0.00884	0.01292	0.01614	0.00306	0.01246
海南	0.02109	0.02574	0.02541	0.02218	0.00244	0.00374	0.02145	0.00264	0.02141	0.02203	0.02225	0.02120
甘肃	0.01574	0.02225	0.02102	0.00240	0.00201	0.00250	0.01220	0.01284	0.00452	0.00110	0.01081	0.00427
安徽	0.02138	0.02477	0.02451	0.01150	0.00171	0.01065	0.00123	0.01220	0.00201	0.01230	0.00770	0.00175
广东	0.05271	0.04214	0.04075	0.02307	0.02574	0.02408	0.02035	0.02508	0.02617	0.04122	0.00741	0.02456
江苏	0.05392	0.02687	0.02543	0.03514	0.03611	0.02390	0.02475	0.02474	0.02458	0.02162	0.04603	0.02413
西藏	0.02120	0.01201	0.01152	0.00164	0.01014	0.00254	0.01210	0.00431	0.00242	0.04141	0.02331	0.00218
河南	0.04231	0.02410	0.02348	0.04151	0.01880	0.02370	0.01720	0.01270	0.02351	0.02274	0.00147	0.02341
江西	0.03452	0.03143	0.03023	0.02360	0.00207	0.01309	0.02145	0.01087	0.02355	0.02510	0.02607	0.02348
辽宁	0.04001	0.01123	0.01013	0.04180	0.02601	0.02164	0.00234	0.02115	0.00254	0.00646	0.04530	0.00234
湖北	0.04531	0.02624	0.02485	0.02440	0.02404	0.00144	0.12000	0.00264	0.02471	0.02447	0.00540	0.02452
福建	0.03415	0.02437	0.02341	0.03507	0.00887	0.03004	0.01245	0.02350	0.03508	0.03630	0.02408	0.03467
陕西	0.04012	0.04313	0.04128	0.02544	0.00603	0.34870	0.02697	0.01107	0.00363	0.02350	0.02404	0.00341
青海	0.01281	0.00324	0.00231	0.01322	0.01311	0.01030	0.00967	0.00275	0.01252	0.02451	0.02305	0.01230
山东	0.05128	0.05626	0.05420	0.02318	0.02160	0.01117	0.01023	0.02431	0.02351	0.03890	0.02301	0.02341
黑龙江	0.03421	0.02556	0.02411	0.03306	0.02480	0.02150	0.01240	0.00371	0.00810	0.02325	0.03404	0.00782
贵州	0.01254	0.01117	0.00887	0.00213	0.02171	0.01271	0.00246	0.00141	0.01142	0.01065	0.00274	0.01128

表 3-8　　DEA 评测结果

Rank	DMU	Score	Rank	DMU	Score	Rank	DMU	Score
1	北京	1.058682	12	广西	0.5196042	23	河北	0.2541611
2	天津	1.0497698	13	河南	0.4935755	24	青海	0.2423944
3	上海	1.0325836	14	重庆	0.4863499	25	甘肃	0.1877598
4	广东	1.0296872	15	湖南	0.4317041	26	新疆	0.1876499
5	江苏	0.703321	16	黑龙江	0.4275438	27	内蒙古	0.1786598
6	浙江	0.6875894	17	陕西	0.3995412	28	山西	0.1641612
7	福建	0.6372481	18	湖北	0.391643	29	贵州	0.1565402
8	海南	0.5871253	19	四川	0.3872951	30	宁夏	0.1517041
9	山东	0.5467179	20	辽宁	0.3737211	31	西藏	0.1325751

续表

Rank	DMU	Score	Rank	DMU	Score	Rank	DMU	Score
10	江西	0. 5337605	21	云南	0. 2852467			
11	安徽	0. 5285602	22	吉林	0. 2593819			

最后，评价结果分析。

从表 3-8 可知，31 个省、自治区、直辖市效率值为 1.0 以上的只有北京、天津、上海和广东。其余 27 个省、自治区、直辖市均为 DEA 无效。评价指标的得分显示了在参评样本中的相对地位，一般来说，0. 5 是中间水平，但不是平均水平。从分析结果中可以看出，省级地方政府环境治理能力整体水平偏低，发展状况很不平衡。表 3-8 显示，省级地方政府环境治理能力水平有着明显的区域分布特征，如 DEA 效率值为 1.0 以上的北京、天津、上海和广东经济发展水平均较高，排名靠前的江苏、浙江、福建和山东都是沿海经济发达省份，效率值处于中位的省份则是地处中部，经济发展水平也居中的省份。而排名在后的青海、甘肃、新疆、内蒙古、山西、贵州、宁夏和西藏则都是西部经济发展水平比较落后的省份。美国的伊丽莎白・伊科诺米认为，中国环境最好的地区是那些地方领导关心、有充足的财政资源并且与国际社会有着紧密联系的地方。大连、上海、中山被认为是中国的环保领先者，为其他地区设立了榜样。① 可见，省级地方政府环境治理能力水平较高的地区也是经济发达省份，这些省份在环境治理的制度供给、环保经费的投入、公民环境意识、环境科技创新等方面走在中西部省份的前面。

① ［美］伊丽莎白・伊科诺米：《中国环境保护的实施情况》，程仁桃摘译，《国外理论动态》2007 年第 4 期。

第四章　改革开放以来中国地方政府环境治理能力提升的困境

从20世纪80年代后期开始，中国的环保管理体制演变为名副其实的"地方分权型"环保行政，环境管理中地方行政的作用越来越重要。中国环境危机的根源在于地方政府的环保不作为与公众的环保无法作为。[①] 我国地方政府在环境保护方面为何"不作为"？为何"不当作为"？环境治理能力为何难以提升？究其原因，就是地方政府的环境治理已陷入路径依赖困境。[②]

第一节　地方政府环境治理陷入"无动力、无能力和无压力"困境

一　以经济目标为主导的压力型体制导致地方政府官员缺乏环保动力

1. 经济目标为主导的压力型体制

中华人民共和国成立后的头30年，我国采用的是计划经济模式。在计划经济时代，地方政府的经济作用在于实施中央政府的经济（工业）发展计划，更多地发挥着一级管理者的作用。20世纪80年代初，中央与地方政府的财政分配由原来的利润上缴转变为"财政大包干"。1994年，中央与地方政府开始实施"分税制"。这两项财政分配机制改革强化了地方政府的财政激励效应，促使地方政府从原来的国家经济计划的执行者和管理者转变

① 高军、杜学文：《宪政视野中的当代中国环境危机》，《武汉理工大学学报》（社会科学版）2008年第2期。

② 李金龙、游高端：《地方政府环境治理能力提升的路径依赖与创新》，《求实》2009年第3期。

为具有独立利益诉求的经济发展组织者和推动者。为了实现国家经济发展的目标，地方官员选拔任用的考核中，GDP 成为最重要的指标之一。可见，晋升激励和财政分权下的经济激励相结合的制度环境逐步形成了“以经济目标为主导的压力型体制”①。在这种体制下，地方政府官员为了获得晋升，各地的上层领导依靠政治压力和行政命令对地方进行动员，并将经济指标和任务在官僚制的行政等级中层层下达，直至基层的乡镇一级。该体制决定了地方政府官员经济目标完成程度和官员自身收益大小正相关。

2. 以经济目标为主导的压力型体制与地方环境治理

查尔斯·沃尔夫认为，政府与市场一样都只是个人谋取利益最大化的场所而已，只是在方式上有所区别罢了。② 地方政府整体被视作“理性人”，符合个体理性的特征。对于政府官员，他们关心他们的工资、办公室的舒适条件、公众中的声望、权力、庇护人、年龄等。③ 在中国，以上级党委的竞争性选拔和任命是对地方干部最重要的政治激励方式。④ 在经济目标为主导的压力型体制下，中央对地方、上级对下级的考评标准是以经济发展绩效（主要体现为 GDP）为主，环境保护只是一项志愿性指标，其约束力相当脆弱。⑤

在经济发展为纲的基本原则和政绩考评的指挥棒下，地方政府的理性选择当然是经济发展优先。在经济目标为主导的压力型体制下，地方政府为了引进项目、发展经济，往往将一些重要的资源，如自然资源、土地和资金等要素廉价地投入短平快的项目上，这种经济增长是以资源投入和能源消耗为特征的速度型经济增长。这样的发展模式换来的自然是各地 GDP 的高速增长，而付出的代价却是产业结构不合理、资源浪费和环境污染等诸多问题。更严重的问题是，地方官员将操纵环境治理统计数据应

---

① 荣敬本、崔之元等：《从压力型体制向民主合作体制的转变——县乡两级政治体制改革》，中央编译出版社 1998 年版，第 28 页。

② ［美］丹尼斯·缪斯：《公共选择》，张军译，上海三联书店 1993 年版，第 158 页。

③ ［美］约瑟夫·斯蒂格里兹：《政府经济学》，曾强、何志坤等译，春秋出版社 1988 年版，第 193 页。

④ 冉冉：《“压力型体制”下的政治激励与地方环境治理》，《经济社会体制比较》2013 年第 3 期。

⑤ Mei, C. Q., *Brings the Politics Back in: Political Incentive and Policy Distortion in China*, PhD Dissertation, Maryland University, USA, 2009.

付上级考核和民众诉求。①

综上所述，作为有“经济人”特征的地方政府倾向于经济增长是其理性的选择，地方政府扶持、纵容、包庇污染企业的积极性可能远大于治理环境的积极性,② 甚至为了经济发展牺牲环境也在所不惜。一些地方环保部门“已经把屁股坐到污染企业一边去了”③。可见，以经济目标为主导的压力型体制势必造成地方政府经济发展有压力，环境监管无动力。④

二 现行分权的财政体制导致地方政府环境治理投入不足

1. 分税制下地方财政的压力与支出偏好

1994 年开始实施的分税制，事实上是中央政府针对过度分权的一种集权手段，使财权上移。分税制改革前，地方政府的财政收入占全国总收入的比重为 60%—80%。分税制改革后，中央政府的财政收入占全国财政收入的比重迅速提高，而地方政府的财政收入占全国总收入的比重下降 50%左右。可见，在实施分税制后地方政府的财政能力被大幅度削弱，但地方政府所承担的公共服务责任却日益增多，支出任务过重。从统计数据上看，20 世纪 80 年代地方财政支出占整个国家财政支出的比重平均为 60%左右，而 20 世纪 80 年代末，我国地方政府支出一直维持在 70%左右，远远高于国际上一些主要的发达国家和发展中国家。由此可见，分税制改革给地方政府带来沉重的财政压力，尤其是基层政府的财政压力更加沉重。加之转移支付制度不健全，导致全国很多地区的县、乡财政陷入困境，不仅不能有效地提供基本的社会公共服务支出，常常连工资都发不出来。也就是所谓的“中央财政很好过，省级财政也好过，地（市）财政可以过，县乡财政真难过”。国家审计署发布的报告显示，截至 2012 年年底，抽查的 36 个地方政府本级政府性债务比 2010 年增长 12. 94%。截至

① 冉冉：《“压力型体制”下的政治激励与地方环境治理》，《经济社会体制比较》2013 年第 3 期。

② 胡佳：《跨行政区环境治理中的地方政府协作研究》，博士学位论文，复旦大学，2010 年。

③ 中华网：《东部污染企业“西进下乡”农民呼唤环保话语权》，http：//news. china. com/zh_ cn/domestic/945/20060627/13432157. html。

④ 齐晔等：《中国环境监管体制研究》，上海三联书店 2008 年版，第 129 页。

2010 年年底，全国地方性债务总额为 10.72 万亿元。①

如前所述，改革开放以来中央一直以地方的经济增长为地方官员的评价考核指标。为了迎合中央发展经济的想法，正如周黎安的研究所表明，地方官员为了获得升迁的机会，会倾向于努力使得自己在位时本地的平均经济增长水平超过前任时的平均水平。这势必造成地方财政的“支出优序”：生产性公共支出过剩投资，而民生性公共支出极度缺乏的尴尬局面。可见，分税制下地方政府本身就存在地方财政收入的增长压力，由于地方财力有限，地方官员为了迎合中央发展经济的要求，地方财政支出偏好于能迅速促进经济增长的硬性基础设施的投入，而忽视那些不能迅速促进经济增长，但关系民生的软性基础设施的投入。即对社会保障、医疗卫生、教育、环境保护等具有明显外溢性的公共物品和服务的提供严重不足。

2. 分税制下地方政府环境治理投入不足

环境保护投资是表征一个国家环境保护力度的重要指标。“十一五”期间，我国环境保护与治理投资达到 21623.3 亿元，占同期 GDP 的 1.418%。“十五”“十一五”期间我国环境污染治理投资总量不断增长，环境污染治理投资总量占 GDP 的比例在曲折中上升（见图 4-1），但和 GDP 的增长率相比，差距甚大。

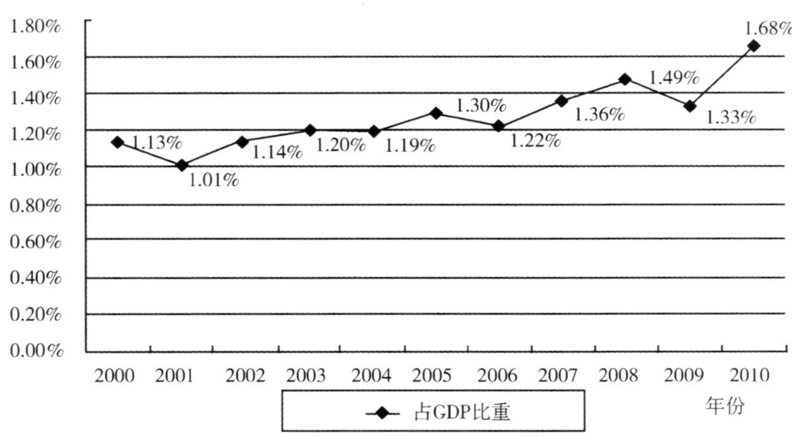

图 4-1　2000—2010 年我国环境污染治理投资总额占 GDP 的比重

① 财经腾讯网：《地方财政承压 地方债总规模或超 12 万亿》，http：//finance.qq.com/a/20130427/001233.htm。

“十二五”期间，虽然我国污染治理的投资总量逐年增加，但占GDP的比重仍只在1.8%左右。发达国家环境保护与治理投资占GDP的比重已远远超过我们国家（见表4-1）。根据国外的经验，污染治理投资只有达到3.0%才能使环境质量得到明显改善。目前我国的环境保护与治理投资额还必须大幅度增加。

表4-1 发达国家环境污染治理费用占国民生产总值的比重①

国家	比重（%）	时期（年）
美国	2.0	1971—1980
日本	2.9	1975
德国	2.1	1975—1979
英国	2.4	1971—1980
加拿大	2.0	1974—1980
荷兰	1.3	1976—1980
苏联	0.8	1980

在环境投资方面，特别是占环保投资相当部分的城市环境基础设施投资，基本上是由地方政府来承担的。分税制下地方政府本身就存在地方财政收入的增长压力，由于地方财力有限，地方官员为了迎合中央发展经济的要求，地方财政支出偏好于生产性公共支出，而民生性公共支出极度缺乏。根据胡鞍钢所做的调查，地方政府的首要目标集中在地方的经济发展上，而人口、教育、环境等目标则明显排在后面的位置。资金问题已经成为地方政府环境治理的主要瓶颈。由于地方政府对环境保护无力投入，“十五”规划确定的治污项目约有47%的计划投资没有落实。②

三 现行的环境组织架构导致地方政府环保监管能力弱化

1. 中国现行的环境组织架构

作为政府重要职能部门之一的环保部门，其组织机构体现了中国行政组织的“条条块块”特点。国务院、生态环境部、国务院其他部委以及

① 尹希果等：《环境保护与治理投资运行效率的评价与实证研究》，《当代财经》2005年第7期。

② 苏明：《财政要提高环保投入比重》，http://news.sohu.com/20060616/n243761487.shtml。

部分综合经济管理部门的司、局是我国的中央环境管理机关。国务院是国家最高行政机关，是环境行政最高决策机构。国务院环境保护行政主管部门——生态环境部对全国的环境保护工作实施统一监督管理。国务院的部分综合经济管理部门也设有环境保护相关的职能机构，如国家发展改革委的环资司、能源局等，也在宏观经济的层面和多部门合作的层面上参与到环境管理中来。

地方人民政府以及地方各级生态环保厅（局）属于地方环境行政管理机关。按其行政级别，地方分别设置有省生态环保厅—市生态环保局—县生态环保局等。在这一“纵向”关系中，下级生态环保部门接受上级生态环保部门的业务指导，实施条条管理。在“横向”关系中，地方生态环保部门隶属于地方政府，具体负责本辖区内的生态环境管理，实施块块管理。①。地方生态环保部门隶属于同级政府部门，地方生态环保部门的人、财、物仰仗于地方政府。可见，在地方层级的环境管理中地方政府发挥着主导作用。②

2. 中国现行环境组织架构的弊端③

（1）中央政府与地方政府的非合作博弈

在高度集中的计划经济体制下，中央与地方政府间形成一种中央政府主导下的单向度的命令—服从关系。④ 在经济转型过程中，行政性分权和经济性分权相结合的“放权让利”改革，地方政府和中央政府的目标既存在一致性，又有差异性，它们从不同理性出发而导致的博弈便不可避免。可见，改革开放以来中央与地方政府间不再是单纯的行政隶属关系，而成为具有不同权力和利益的对等的博弈主体。

在改革开放以来的环境治理中，中央政府和地方政府的利益目标并不总是一致。中央政府对环保是非常重视的，但少数地方甚至出现了一些以局部经济利益最大化为目标的短期行为。这样，中央政府和地方政府在环

---

① 齐晔等：《中国环境监管体制研究》，上海三联书店 2008 年版，第 78 页。

② 杨华：《中国环境保护政策研究》，中国财政经济出版社 2007 年版，第 274—275 页。

③ 肖建华：《两型社会建设中多中心合作治理的困境及建构》，《环境保护》2012 年第 10 期。

④ 金太军、汪波：《经济转型与我国中央—地方关系制度变迁》，《管理世界》2003 年第 6 期。

境治理上的政策制定和执行过程中存在着利益冲突。这种冲突若得不到妥善解决，体现在环境治理上就会出现中央政府与地方政府间的非合作博弈。从有关报道中可以看出，一段时间内在环保领域，地方政府和中央政府玩“捉迷藏”，做表面应付文章的现象极为普遍。[①]

（2）跨区域环境治理的行政分割

多年以来尽管中央与地方各级政府都作过不少努力，但我国跨界河流水污染事件时有发生，跨行政区域流水污染治理已经成为中国环境治理上一个反复发作的顽症。由于我国的流域水污染治理是按照地区划分来进行的，不同行政区各自对辖区内的水污染治理负责，由此产生不同行政区划之间部门分割、单位分割、产业分割和城乡分割。[②] 地方政府具有“经济人”特征，各地方政府必然寻求地方区域边界内的利益最大化，或地方行政区域边界内的治理成本最小化。[③] 现行分割的行政体制使地方政府在跨界水污染治理过程当中坐等其他地方政府开展治理活动，自己分享“搭便车”之利，从而导致中国跨界污染治理出现“集体行动的困境”。

（3）环境管理部门间的“碎片化”

生态环境系统是一个有机联系的整体，生态环境问题的处理涉及的面比较广、综合性强、技术要求高。如果在管理体制上将生态环境问题的管理人为地分割为不同管理部门会导致生态环境管理部门间的“碎片化”。

在中国，环境保护的权力被各部门分割。目前除了设置专门性的环境保护管理机构外，财政部、外交部、国家发展改革委、林草局、农业农村部、住房和城乡建设部、水利部、自然资源部、交通运输部等部委也承担与环保有关的职能。由于相关部门的利益冲突和权力交叉、责任不清、缺乏协调导致相互扯皮和相互推诿现象。[④] 同时，环保系统在执法时经常出现单打独斗的尴尬局面，这也是我国各地环境污染现象屡禁不止、环保行

① 高军、杜学文：《宪政视野中的当代中国环境危机》，《武汉理工大学学报》（社会科学版）2008年第2期。

② 胡若隐：《地方行政分割与流域水污染治理悖论分析》，《环境保护》2006年第3期。

③ 臧乃康：《多中心理论与长三角区域公共治理合作机制》，《中国行政管理》2006年第5期。

④ 胡佳：《跨行政区环境治理中的地方政府协作研究》，博士学位论文，复旦大学，2010年。

政执行力不足的主要原因。

3. 中国现行环境组织架构导致地方政府环保监管能力弱化

（1）地方环保部门无法抵御来自地方保护主义的行政干预，更无法解决环境污染治理方面政府与企业的“合谋”问题。

宪法规定我国是单一制国家而非联邦制国家，地方接受中央的统一领导，地方政府是国家利益在当地的代表和维护者。如果国家利益和地方利益完全契合，地方政府不会面临困境，如果国家利益和地方利益不一致时，地方政府为保全地方利益而牺牲国家利益倾向，这种倾向表现出来就是地方保护主义。①

如前所述，在经济发展为纲的基本原则和政绩考评的指挥棒下，地方政府的理性选择当然是经济发展优先。而地方经济的发展靠的就是企业，因为企业是地方政府非常重要的财政后盾。为保护地方产业发展，地方政府常常利用手中的资源配置权力为企业创造优惠的投资环境，包括提供优惠的土地价格。除在资源上提供优惠条件外，地方政府在环境执法上也常常选择放行，具有很强的支持和保护污染企业的动机。因此，在环境污染治理方面，中央政府逐步加强环境保护，但是部分地方政府仍然纵容企业污染，于是就产生了政府与企业“合谋”的行为。②

按照我国现行的环境管理体制，环保部门是地方政府的一个职能部门，环保部门的人事权、财权、物资配置权隶属于地方政府。依法保护和监管环境是环保部门的职责所在。但作为地方政府的一个职能部门，环保部门又要服从地方政府的领导，为地方经济发展服务。现实的情形是，在以经济目标为主导的压力型体制下不少地方政府为追求本地区的经济绩效（主要是GDP），往往对本地排污企业的违法行为采取宽容态度，有的地方政府甚至充当了某些排污企业的“保护伞”。因此，地方环保部门无法抵御来自地方保护主义的行政干预，更无法解决环境污染治理方面政府与企业的“合谋”问题。有些地方环保部门在执法中变成了地方政府的“项目经理”和污染企业的“保护伞”。一些基层环保局长变成了地方政府的公关局长、作秀局长，上任后最重要的工作却是

① 胡静：《地方政府环境责任冲突及其化解》，《河北法学》2008年第3期。

② 张春英：《中央政府、地方政府、企业关于环境污染的博弈分析》，《天津行政学院学报》2008年第6期。

招商和公关：帮县里的企业跑环评，应付上级检查。[①] 真正依法保护和监管环境的地方环保部门的环保局局长要举报当地污染只能向国家环保总局写匿名检举信。[②]

（2）环保部门的统一监督管理统不起来，各部门的分工负责得不到分管部门的有效配合。

当代中国政府环境规制的垂直结构体现了条块结合的特征，而在环境规制的水平结构方面体现了统一监督管理和分工负责相结合的特征。政府设立一个相对独立、专门的环境行政部门，协助政府对环境保护工作进行综合管理和协调。土地、水、海洋、矿产、森林、草原、野生动植物、市容环境、风景名胜区等各有关保护部门，依照法定的职责、权限对其各自相关的环境保护工作进行具体监督管理。对于统管部门到底行使哪些职权、分管部门又行使哪些职权、统管部门的统管地位体现在哪些方面、统管部门与分管部门在相关环境执法管理中的关系如何等问题，我国现行的环境法律、法规和规章并未作明确的界定。真正在一线开展环境执法行动的主要还是环境行政主管部门，由于得不到其他部门的配合经常出现环保部门唱“独角戏”的尴尬局面。这就使得环保部门的统一监督管理统不起来，各部门的分工负责得不到分管部门的有效配合。

（3）新的环保法实施前，国家法律没有赋予环保部门更多的、强有力的、直接的执法权，使环保部门在具体的环境执法过程中感到力不从心。

我国的环境法制架构已经基本形成，环境管理制度已是一个完整的制度体系。我国环境管理制度主要有环境影响评价制度、“三同时”制度、排污收费制度、限期治理制度、污染物总量控制制度、排污许可证制度等。[③] 从各项环境保护管理制度的执行情况看，我国环境影响评价制度和“三同时”制度的执行合格率，已分别从 1991 年的 45%和 22%，上升到

① 《环保局长忏悔信：县领导威胁我不要影响他的政绩》，澎湃新闻网（http://news.163.com/15/0324/17/ALG7P68S00014SEH.html）。

② 曾贤刚：《地方政府环境管理体制分析》，《教学与研究》2009 年第 1 期。

③ 欧祝平、肖建华、郭雄伟：《环境行政管理学》，中国林业出版社 2004 年版，第 91—94 页。

1997 年的 85.4%和 95%，再到 2004 年的 99.3%和 95.7%。[①] 从统计数字上看，新的建设项目基本上已达到最新的环境保护要求，因而，污染物的处理率应随之逐年提高，环境污染的势头也应该逐步得到控制并好转。但是结果并非如此，从当前环境状况的严峻局面可清楚看出制度的执行率和现实效果的矛盾，现实中有不少企业和政府部门都把执行制度当作走过场。所谓的环境影响评价，经常是先上车，后补票，评价内容偷工减料，审计过程敷衍随便；“三同时”制度的执行常常有头无尾，环境设施经过验收后，它是否正常运行便无人监管。更为严重的问题是，国家每次进行的执法检查都揭露出一大批的建设项目根本未执行环境影响评价和“三同时”制度。[②] 这说明以上两项制度的实效没有充分发挥，数字只能反映事物的表面现象。

在国外，排污许可证制度是污染得到控制的支柱性制度，起着非常重要的作用。我国于 20 世纪 80 年代中期也开始推行该制度。但是在许多地方，排污许可证制度事实上处于“名存实亡”的境地。[③] 不可否认，排污收费制度自 1982 年实施以来，不仅推动和促进了其他环保政策的实施，还为重点污染源提供了一定的污染处理资金，而且在保护生态环境和控制污染、促进企业从事环境污染治理等方面发挥着积极作用。但是，随着经济的发展和生态环境的日益严峻，排污收费制度在实施过程中，其内在的制度性缺陷也日益显露。有资料显示，企业所缴的超标排污费只相当于污染治理费用的 10%—15%，更远远低于污染物的正常处理费用，这在客观上使得企业宁愿缴纳排污费而不积极治理污染，甚至在已经安装排污设施的企业，为了节省运营成本而不启动污染处理设施或擅自拆除污染处理设备，形成“谁污染，谁受益”的格局。总之，由于排污费的缴纳对企业的利润核算影响甚微，排污收费应有的经济诱导作用并没有有效地发挥。[④]

---

① 《1995 年环境状况公报》，1997 年、2004 年《中国环境统计公报》，http://www.mee.gov.cn/hjzl/zghjzkgb/lnzghjzkgb/。

② 李挚萍：《环境法的新发展——管制与民主之互动》，人民法院出版社 2006 年版，第 19 页。

③ 同上书，第 19—20 页。

④ 杨华：《中国环境保护政策研究》，中国财政经济出版社 2007 年版，第 201 页。

环境管理制度没有得到有效执行，导致企业违法排污和不执行环境法的情况还是相当严重。近年国家组织的多次环保法执法检查的情况也证实了此类问题的严重，同时被取缔、关闭的企业死灰复燃，被禁止的违法行为不断地反弹。

新环保法实施前我国地方政府环境监管面对这样一个矛盾的事实：一方面，国家在法律上赋予了环保部门开展环境保护的统一监督管理职能，并要求环保部门要从严执法，加大执法力度；另一方面，国家法律又没有赋予环保部门更多的、强有力的、直接的执法权，使环保部门在具体的环境执法过程中感到力不从心。许多环境与资源保护部门并没有被法律赋予法律法规强制执行权力。例如，对污染企业的关、停、并、转，只有向同级政府的建议权，没有决定权，更没有“一票否决权”。除了缺乏法律法规强制执行权外，许多环境部门现行的机构编制缺乏足够的权威性，环保投入未纳入政府财政预算，一些环境部门自身的维持都有困难。环保人员连工资都发不出。一些基层环保部门也由此陷入“收钱养人、养人收钱”的怪圈。[①]

四　公众参与和责任追究机制的缺失导致地方政府缺乏环境治理压力

1. 环保领域公众参与严重不足制约我国公众对政府的监督

环境问题的公民参与不仅可以增强政府、公众之间的联系，增加公众对政府的信任度，而且有助于激发社会成员的责任感和积极性，以进一步壮大环境保护的社会力量，从而避免既得利益集团按照自身的经济标准来影响政府的决策。从这个意义上讲，它非常有助于实现公众对政府的监督。环境能否得到有效保护事关公众的切身利益，政府是否履行环境责任，社会公众比立法机关、司法机关和行政机关更具有监督和追究的自觉性、全面性和及时性。[②] 公众参与一直是推动世界环境保护运动发展的重要力量，已经从个别国家的成功实践发展为公认的环境法准则。[③] 完善政府环境责任的根本之举是落实环境民主，而公众参与是环境民主的具体落

① 邓卫华、林嵬、李泽兵：《基层治污陷怪圈：污染越重环保部门越富》，《市场报》2005年7月15日第5版。

② 张建伟：《政府环境责任论》，中国环境科学出版社2008年版，第166—167页。

③ 贺燕、王启军：《论我国环境保护的公众参与问题》，《环境科学动态》2002年第2期。

实。公众参与作为环境民主的具体落实，其重点应在参与环境立法及决策方面。目前，我国在《环境保护法》《环境影响评价法》《行政许可法》《环境保护行政许可听证暂行办法》等法律法规中对公众参与环境保护的权利和义务作出了相应的规定，但这些规定大多原则而抽象，可操作性差。未来学家托夫勒指出："沉重的决策担子，最后将不得不通过广泛的民主参政来分担解决……否则政治制度无法维持。"①

由于个人的精力、能力有限，公众个人难以做到长期、有效地参与。从国外经验看，解决这一难题的办法是强化民间自发组织起来的环保组织。西方发达国家的环境保护团体经历了由个人、松散的组织到有定型化组织形式甚至政党组织的发展历程，其活动由简单发展到规范化和现代化。目前，在欧美国家，环境非政府组织比比皆是，环境保护群众运动和活动持久不衰。近几年，在我国环境危机不断爆发的同时，环保领域的民间组织一直紧密关注着环境问题和环境治理。公众参与开始逐步进入环境立法、环境决策、环境执法等领域，环境保护公众参与在实践中迈出了可贵的一步。公众的环保意识、参与意识也在迅速提升。

经过多年的发展，我国环境非政府组织的面貌与功能已经发生悄然变化。环境非政府组织从和风细雨的环境宣传教育者变为公众或者弱势群体利益的"监护人"，带来了独立的声音。② 这使我们看到了中国环境公众参与的曙光，但从整体上来看，中国的环境非政府组织在完善政府环境责任、监督政府履行环境责任方面所起的作用还非常有限，究其原因在于我国的公众参与不像西方国家主要是"自下而上"的方式，而大多是政府主导下的"自上而下"的形式。③

2. "监督管理"责任追究的缺失弱化了地方政府环境监督管理效能

虽然我国的环境保护法律明确规定政府对环境质量负责，但对其法律责任的追究却没有作出进一步的规定——任何一部污染防治法中都没有，

① ［美］阿尔文·托夫勒：《第三次浪潮》，朱志焱、潘琪、张淼译，生活·读书·新知三联书店1983年版，第45页。

② 王津等：《环境NGO——中国环保领域的崛起力量》，《广州大学学报》（社会科学版）2007年第2期。

③ 陈润羊、花明：《我国环境保护中的公众参与问题研究》，《广州环境科学》2006年第3期。

相应的法律法规中也没有作出“细则性”规定，如什么情况下追究，由哪一个、哪一级别机构来追究，怎样追究等。“政府对环境质量负责”成为一句束之高阁的法律条款。由于政府环境法律责任规定欠缺，环境问责制难以落实。

在中国现行的环境管理体制中，“政府对环境质量负责”是通过环境行政主管部门来履行的。以环境行政主管部门现有的地位，完成“环境监督”职责都存在困难，当然无力代替政府对环境质量负责，也代替不了。于是，“政府对环境质量负责”因责任人不清楚而责任追究缺失。

综上所述，环境问题的公民参与有助于实现公众对政府的监督，由于目前我国公民环境权的缺位导致环保领域公众参与严重不足，从而难以实现公众对地方政府环境行政的有效监督。问责是对权力机关行使权力的必要制约，但当前监督管理责任追究的缺失弱化了地方政府环境监督管理效能。在缺乏外部制约和监督时，地方政府缺乏环境治理的压力。

第二节 地方政府环境治理陷入政策工具和技术创新困境

一 传统单一的命令—控制型环境政策工具已疲于奔命

1. 生态环境政策工具的发展演变①

生态环境政策工具就是政府部门选择并确定的，运用来实施环境公共政策方案，解决生态环境问题，达到环境公共政策预期目的和目标的途径与手段。政策工具是政策目标与政策结果之间的纽带和桥梁，任何一项政策都是目标与工具的有机统一，工具是达成目标的基本途径。戴维·奥斯本曾言：“今天我们政府失败的主要之处，不在目的而在于手段。”②彼得

① 肖建华、游高端：《生态环境政策工具的发展与选择策略》，《理论导刊》2011 年第 7 期。

② ［美］戴维·奥斯本、特德·盖布勒：《改革政府：企业家精神如何改革着公共部门》，周敦仁等译，上海译文出版社 1996 年版，第 8 页。

斯也认为："政策工具选择作为提升执行绩效的知识而变得更加重要。"① 生态环境问题和生态环境治理已然是当今的全球性论题，如何通过生态环境治理有效地解决生态环境问题日益成为各国政府善治的标准。而生态环境政策工具的选择关系到生态环境治理的成与败。

生态环境政策工具经历了传统的命令—控制型政府管制工具、基于市场的激励性工具、自愿性环境协议工具以及基于公众参与的信息公开工具的演变过程。

（1）命令—控制型工具

20 世纪初期，所有关于环境污染问题都是由各国宪法中的妨害和侵权条款予以规范和处理的。这一时期，污染源基本是确定的，明晰的产权边界使得污染责任的认定相对容易。当污染者对损害事实负有责任且损害后果能够被准确估计时，通过法律手段能够对环境污染源形成有效的约束作用。20 世纪 60 年代末 70 年代初，世界上许多国家通过立法明确了环境保护是国家的一项基本职责。

随着环境污染程度的加剧，通过单纯的立法渐渐难以解决环境保护问题。因为在经济发展过程中，污染冲突中污染者和受害者不再是一一对应的关系，经常存在多个污染源，很难辨清谁应承担污染损害赔偿责任以及赔偿的具体数额。各国政府开始采取行政干预政策来解决环境污染冲突问题。

命令—控制型政府管制工具一般是政府选择法律或者行政的方法制定环境质量标准，限制或者禁止污染，违反者将受到法律制裁。政府可选用法规与禁令，以避免或限制有害活动的措施。②命令—控制型管制是一种在污染控制方面行之有效的工具，在环境治理的最终效果上，具有很强的确定性和可操作性。它在应付复杂的生态和技术风险方面具有一定的优势（例如，对于有毒废弃物管理，因为有毒废弃物一旦泄漏，危害巨大；又如，保护生物多样性，因为物种一旦灭绝，就不可逆转。在这些情况下，采用经济手段调节不是一个很好的选择）。命令—控制型的管制倾向于迫

① B. Guy Peters and Frans K. M. Van Nispen, *Public Policy Instruments*, Edward Elgar, 1998, p. 46.

② ［美］丹尼尔·F. 史普博：《管制与市场》，余晖等译，上海三联书店 1999 年版，第 56 页。

使每个厂商承担同样份额的污染控制负担，而不考虑相应的成本差异问题。这是命令—控制型环境管制的主要缺陷。命令—控制型管制还有一个重大缺陷就是趋于阻碍污染控制技术的发展。此类管制政策几乎不存在促使企业超越其控制目标的经济激励，并且技术标准和绩效标准都妨碍企业采用新技术。一个采用新技术的企业得到的回报是更严格的控制标准和控制绩效，而无法从投资中取得经济利益，除非它的竞争者为达到新的标准面临更大的困难。另外命令—控制型管制的规制者面对的信息问题是巨大的，它使得规制者只能在污染源之间作一粗略的区分（例如新厂商与老厂商）。在完美信息的情形下，这类问题会自动消失。然而，在信息不完美的现实世界里，要求环境规制者获得有关不同污染源的信息，而要获得不同污染源的信息需要花费高昂的监督成本。

近年来随着人们环境意识的加强，生态环境问题的进一步突出以及政府功能定位的改变，命令—控制型管制在解决复杂的现代生态环境问题方面难以满足生态环境保护的更高要求，已暴露出愈来愈多的局限性。这些局限性本身为生态环境政策领域引入更多的经济手段、协议式或信息公开提供了良好的契机。但由于路径依赖，传统的命令—控制型环境管制工具在世界各国仍然是最主要的手段。

（2）基于市场的激励性工具

在20世纪20年代初，英国著名经济学家庇古在其著作《福利经济学》中提出，可以通过对那些有负外部性的活动征税来使外部行为内部化。传统环境经济政策以“庇古手段”为理论基础，由政府给外部不经济确定一个合理的“负价格”，通过征税、取消补贴和押金制度等方式，使全部外部费用由制造污染的企业承担。排污收费政策通常以污染源产生的排污量作为确定“负价格”的基础，据以收取相应的税费。从经济学的角度看，理性的污染者会使其污染控制的边际成本等于支出的排污税费。[①] 诺贝尔经济学奖获得者科斯认为，之所以出现外部性，主要是公有财产的产权不明晰。其具体表述是：假如交易成本为零，只要确立了私人产权，那么交易双方通过讨价还价的方法就能达到资源配置效率，即实现

① ［美］保罗·R. 伯特尼、罗伯特·N. 史蒂文斯：《环境保护的公共政策》，穆贤清、方志伟译，上海三联书店2006年版，第44页。

帕累托最优。科斯的产权途径提供了一种解决外部性问题的思路和方法。在 1974 年的开创性论文中，Weitszman 主要对价格型工具（即税收和收费）与数量型工具（即可交易排污许可或限额）的选择作了分析，因此也可将基于市场的激励性工具归并为排污收费和可交易排污许可两大类。

基于市场的激励性工具鼓励污染者以市场信号为导向进行决策，而不是通过政府制定明确的污染控制水平或方法来规范人们的行动。与命令—控制型的管制措施相比，这种机制最大的特征是能够促进污染防治技术的创新和扩散，在整体上形成低成本、高效率的污染防治体系。[①] 环境经济学领域的大量理论和实证文献，对基于经济激励的规制工具和传统的命令—控制型规制工具作了对比。Baumol 和 Oates（1971）对实施排污收费的结果与命令—控制型规制工具的结果做了对比，得出了排污收费具有明显的减污效率和刺激减污技术进步的优势。后来，他们又对实施可交易排污许可的结果和命令—控制型规制工具的结果做了对比，认为可交易排污也具有同排污收费一样的优势。

理论和实践证明，基于市场的政策工具与命令—控制型管制相比，能以更低的费用实现相同的环境目标。这也就是各国政府在环境管理中越来越多地引入市场工具的主要原因。不过，基于市场的政策工具也并不是十全十美的，它的效果也不乏理想色彩，实际运行效果还需要通过更多的实践验证。它在实施过程中遇到一系列障碍，主要是因为基于经济激励的规制工具在一定程度上还受到污染物质的特性、空间因素，以及监督能力的限制。但不管怎样，基于市场的政策工具越来越受到重视，在许多国家正以不同形式逐步得到实施，这是当今世界环境管制的一个潮流。

（3）自愿性环境协议工具

从 20 世纪 70 年代开始，命令—控制型规制方法和基于市场经济的方法作为主流环境工具在环境保护中发挥了重要作用，但随着时间推移，这两种政策工具不断显现出缺陷，因此，协议式环境管理措施的出现成为必然。[②] 自愿环境协议（VEAs）在各国有不同的名称，例如又称为契约

---

① Hockenstein J. B. , Robert N. S. , Bradley W. , "Creating the Next Generation of Marketbased Environmental Tools", *Environment*, 1997, 39 (4): 12-20.

② 秦颖、徐光：《环境政策工具的变迁及其发展趋势探讨》，《改革与战略》2007 年第 12 期。

(cotenant)、自愿协议（VAs)、自愿环境协议（VEAS）或环境伙伴(EP)，这里统称自愿环境协议（VEAs)。目前使用广泛的自愿环境协议定义为企业、政府和（或）非营利组织之间的一种非法定协议，它旨在改善环境质量或提高自然资源的有效利用。大多数情况下，自愿协议等同于合同。目前，自愿性环境协议工具基本上归为三类：单边协议、公共自愿协议及谈判（协商）协议。

以自愿方式执行管制，建立在企业与政府相互信任基础上，可以避免严厉执行的缺点，同时为企业和政府带来许多利益。管制者可以减缓资金预算下降的困扰，以更低的成本执行他们的要求。在这种方式下，管制者并不严格解释法律，惩罚企业的每一次违规。相反，他们给予企业一些管制豁免，激发企业服从管制的动力，使这些企业作出保证会努力通过自我控制环境行为和迅速报告及纠正违规来服从管制。因此，这一工具既消除了政府的监管成本，同时企业具有更大的灵活性采取更加合适自身情况的技术，因而产生了更强的技术创新激励。但是，自愿性环境协议作为一项政策措施被采用，一直存在不少争议，其实施过程也暴露出许多问题和局限性①：协议的实施缺乏保障；给搭便车者留有空间；政府的责任减轻；协议谈判和履行过程缺乏公众参与；生态效益低；监测和追踪不足够；对竞争的潜在破坏性。因此，有批评者认为，一些宣称“自愿途径”成功的例子似乎都言过其实。如果没有政府的强制作为后盾，自愿环境管制很可能流于形式或成为欺骗消费者的广告宣传。一些人甚至认为，这些所谓“自愿环境管制”成功的例子是“漂绿”（greenwash）的形式，而没有得到真正的证实。②

（4）基于公众参与的信息公开工具

近年来，西方发达国家尤为注重环境治理中经济目标与环境目标和技术目标、政府引导与企业和公众主动参与等的协调，许多沟通性、规劝性、志愿性的新途径、方式和手段不断涌现。例如，自愿性协议方式、环境标志和环境管理系统（Environmental Management Systems，EMS）等基

① 李挚萍：《环境法的新发展——管制与民主的互动》，人民法院出版社2006年版，第167—168页。

② 郭朝先：《我国环境管制发展的新趋势》，《经济研究参考》2007年第27期。

于信息的手段（Informational Devices，IDs）。[①]依照公共事务治理新模式有关市场化运作、主体多元化、治理网络化和层级化以及注重沟通与协调等特点，国外学者将环境治理的新工具分为三大类，[②] 即基于市场的工具（Market-Based Instruments，MBIs）（如生态税和可交易的污染配额）、自愿性协议以及基于信息的手段（如生态标志、环境管理系统等）。

随着信息技术的发达，经济行为的透明度不断提高，环境信息手段的威慑力不断凸显，自愿协议性环境管理手段的产生正是建立在环境信息公开的基础上，可以说没有环境信息手段也不会有自愿协议性环境管理手段的产生。信息在环境管理中的作用对人们来说并不是一个新概念，因为无论强制手段还是经济手段的使用都离不开信息，政府依赖各种各样的信息来制定和实施环保政策。在过去若干年的环境管理实践中，人们认识到信息可以独立于政府、法规政策而通过社区和市场对环境保护起到激励作用。托马斯·思德纳指出，环境信息已经独立于其他的环境管理方法而成为一种新的环境管理手段，这是继环境管理的法律规制和基于市场的工具之后被称作环境政策制定的“第三波”。[③]基于信息的手段主要是通过信息披露（information disclosure）的方式进行环境管理，包括自愿性信息披露和强制性信息披露。前者如生态标志（eco-labels）、环境管理体系等；后者主要是政府强迫企业建立的公共环境信息披露制度，如环境会计信息披露制度等。

2. 单一的命令—控制型政策工具已陷入困境

从 20 世纪 70 年代开始，命令—控制型规制方法和基于市场经济的方法作为主流环境工具在环境保护中发挥了重要作用，但随着时间推移，这两种政策工具不断显现出其缺陷，因此，协议式环境管理措施的出现成为必然。国内外学者普遍认为任何单一的政策工具都无法有效解决某一公共问题，多种工具的组合运用是当前及未来政策工具选择的主

---

① 任志宏、赵细康：《公共治理新模式与环境治理方式的创新》，《学术研究》2006 年第 9 期。

② Jordan, A., R. K. W. Wurzel and A. Zito, "'New' Insturments of Environmental Govemance: Patterns and Pathways of Change", 2003, *Environmental Politics* 12: 1-26.

③ ［瑞典］托马斯·思德纳：《环境与自然资源管理的政策工具》，张蔚文、黄祖辉译，上海三联书店 2005 年版，第 190—193 页。

要形式。

迄今为止，中国环境管制结构的形成、发展与变迁体现为一种自上而下的政府主导方式。我国环境保护肇始于20世纪70年代，它的发展也始于政府领导人的重视，正如曲格平先生所说“周总理是中国环境保护事业的开创者和领路人”①。此后，在中国的环境保护过程中，由于在国家社会关系中，政府一直处于支配地位，在环境意识的普及、环境保护投资、环保产品的提供等一些市场和社会能够做得更好的领域，政府也处于垄断地位。此外，由于政府的强势支配地位，迄今为止的环境管制结构变迁仍然表现为政府的“一元”推动，即我国环境管制结构变迁都属于政府供给主导型的强制性变迁。② 有学者将这种行政性治理模式的实质总结为治理主体的单中心化，即政府机构是进行公共事务管理的单中心并试图依赖其行政资源、强制力量与权威触及生活的方方面面。③

2003—2007年，中国连续掀起了三次“环保风暴”。2003—2005年掀起第一次“环保风暴”，2005—2006年掀起第二次“环保风暴”，2007年掀起第三次“环保风暴”。然而，这种“风暴式”的“运动型”治理不过是加大力度的行政性治理而已。④ 持续不断的环境事件和疲于奔命的环保风暴都表明，即使将行政性治理发挥到极致也难以有效治理积累已久的环境问题。可见，行政性治理已然陷入困境。

局限性为生态环境政策领域引入更多的经济手段、协议式或信息公开提供了良好的契机。但市场化工具的有效运行需要成熟、完备的外部环境支持，而其中的某些关键要素，例如比较完备的市场机制、强大的法律结构保障及成熟的监测技术，目前我国还难以达到。当前，我国在生态环境治理中政策工具的选择上具有明显的直接管制特征，市场交易机制、自愿协议式环境管理和信息公开处于试点探索阶段。

---

① 曲格平：《梦想与期待》，中国环境科学出版社2004年版，第10页。

② 张元友、叶军：《我国环境保护多中心政府管制结构的构建》，《重庆社会科学》2006年第8期。

③ 张紧跟、庄文嘉：《从行政性治理到多元共治：当代中国环境治理的转型思考》，《中共宁波市委党校学报》2008年第6期。

④ 王洛忠、刘金发：《中国政府治理模式创新的目标与路径》，《理论前沿》2007年第6期。

二　现行的环境技术创新政策体系抑制我国环境技术的创新和扩散

1. 生态环境治理需要运用技术性和制度性的综合解决方案

人类现在所面临的生态环境问题，与现代生产方式和生活方式有密切的关联，具有复杂的成因。生态环境问题的复杂性，决定了人们在处理生态环境问题时需要综合运用自然科学和社会科学的各种知识，需要寻找技术性和制度性的解决方案。① 英国、德国、美国、加拿大等发达国家在治理环境污染的历程中，一方面通过开展环境科学研究，依靠环境监测，揭示环境质量演变规律，识别污染成因机理，最终提出污染控制措施；另一方面，公共政策研究基于环境科学所提供的技术解决方案，进行经济可行性和政治可行性分析，从全社会总收益的角度，制定出最优或者最适合的环境政策。

环境技术概念的出现最早可追溯到20世纪五六十年代。环境技术的发展经历了末端技术、无废工艺技术、废弃物减量化技术、清洁技术、污染预防技术的发展历程。末端技术的主要特征是污染的去处与资源化，无废工艺技术主要特征是资源的合理利用，废弃物减量化技术的主要特征是零排放，清洁技术的主要特征是节能、降耗、减少排污量与毒性，污染预防技术的主要特征是源头削减。

环境技术创新，就是一个从节约资源、避免或减少环境污染的新产品或新工艺的设想产生到市场应用的完整过程。② 环境技术的创新和扩散是一项复杂的社会系统工程，需要政策体系的配套服务。政策体系为环境技术的创新和扩散提供人员资金保障、政策法规保障，规范环境技术管理，激励环境技术创新。

2. 中国现行环境技术政策体系抑制环境技术的创新和扩散

中国所面临的空气污染、水污染、土壤污染以及生物多样性锐减等严峻而复杂问题的解决，都有赖于环境科学技术的研究和创新。但中国现行的环境技术创新政策体系由于诸多原因仍然存在着以下几方面问题。

① 《推进国家环境治理体系和治理能力现代化》，http：//finance. eastmoney. com/news/1350，20150316486303842. html。

② 吕永龙等：《我国环境技术创新的影响因素与应对策略》，《环境污染治理技术与设备》2000年第5期。

（1）当前中国的环境技术创新政策法规不能满足环境技术创新发展的实际需要

有利于环境技术创新的法律制度安排是环境技术创新的重要保障。中国现有的环境技术创新政策法规大多比较模糊笼统，惩罚力度不强，可操作性差。管制措施较多，忽视市场经济的激励作用。同时，我国环境技术创新标准远远低于欧美等发达国家。[①] 可见，当前中国的环境技术创新政策法规不能满足环境技术创新发展的实际需要，不适应环境技术创新手段多样化的需要，同时也不利于激发企业实施环境技术创新。

（2）中国环境技术创新组织体系已初步建立，但运作效率比较低下

目前，政府、高校、企业和创新中介组织共同参与的多主体、多层次的复合型创新组织体系已初步建立，但运作效率比较低下。另外，企业和科研机构从事环境技术创新的意愿不强。环境技术创新的收益决定了从事环境技术创新的意愿。由于环境技术创新的作用对象——生态环境，本身就属于公共物品，环境技术的研发往往投资大、见效期长、风险高，并且环境技术创新的利益极易外溢。

（3）目前我国环境技术管理体系还不完善

环境技术管理体系的核心内容是通过制定污染防治技术政策、行业清洁生产技术政策、污染防治技术导则和技术规程等方法和手段，对治理技术进行规范，对行业发展方向、生产工艺、技术路线进行引导，为环境管理提供系统的技术支持和保障。发达国家通过建立环境技术管理体系来规范环境技术管理、激励环境技术创新。在环境技术管理方面，我国开展了环境科技成果鉴定和验收，环境科技成果评审和推广应用，环保技术政策、环保设备技术标准及工程规范制定等工作。中国现阶段环保新技术的应用和创新主要采用技术引进和国内技术开发相结合的模式。目前我国环境技术管理体系方面的不完善主要体现在[②]：第一，引进技术时缺乏战略性统筹，导致盲目引进、重复引进；第二，引进技术缺乏技术评估标准和手段，影响技术引进的实效性；第三，绝大部分自主开发的新技术成熟度不高，难以投入工业性应用；第四，尚不完善的技术评估体系影响了科技

① 王丽萍：《中国环境技术创新政策体系研究》，《理论月刊》2013 年第 12 期。

② 《通过创新建设环境友好型社会：挑战与选择》，http：// www. china. com. cn/tech/zhuanti/why/2008-02/26/content_ 10734696. htm。

成果的转化；第五，示范工程缺乏系统管理和科学指导；第六，以企业为主体的国家环境技术创新体系尚未形成。

（4）公众参与环境技术创新缺少政策上的支持

公众既是环境技术创新的推动者和实践者，也是生态环境保护的利益的享受者。向公众及时完整传播环境科技知识，可以引导公众科学认识环境问题，有效凝聚治理污染的社会共识，为环境治理和生态文明建设营造良好的社会氛围。目前我国公众参与环境技术创新缺少政策上的支持，只有少数的原则性规定，缺乏具体的操作流程。在环境技术创新政策的制定过程中，环境技术创新政策制定者缺乏与公众和企业及其他社会组织的有效沟通。同时我国公众参与环境技术创新影响评价体系也不完善，主要表现在环境技术创新信息公开不全面、不及时，参与范围较窄、互动性较弱几个方面。

（5）中国当前的环境科学研究与环境公共政策研究的协同亟待加强

自然科学领域里的环境科学是我们认识环境问题、开发环境技术的基础；对环境问题的科学认知，是我们制定各类生态环境保护政策的逻辑出发点，对环境政策的科学制定有着不可替代的引领和支撑作用。只有基于对中国环境污染的形成原因、演化路径、实际影响等问题的科学研究成果，中国环境公共政策的制定才能区分问题的轻重缓急，才能对治理污染的有限资源进行最优配置，进而有效率地解决环境污染问题。当然环境保护政策的需求本身，也具有引导环境科学研究方向的重要作用。如果没有解决现实问题的迫切需要，环境科学研究也可能走向象牙塔内的自娱自乐。因此，环境公共政策研究者需要同环境科学工作者紧密合作，将技术的可能性与政治的可行性结合起来，使环境保护的公共政策建立在坚实的环境科学研究成果的基础上。中国当前的环境科学研究与环境公共政策研究的协同亟待加强。

第三节　地方政府治理跨界和城乡环境污染陷入协同困境

一　传统的“行政区行政”难以治理跨界环境问题

1. 跨界环境问题：中国环境治理的顽疾

从行政区划和区域经济学的角度来讲，所谓“跨界”就是指各类生产要素（劳动力、资金、产品、信息、技术等）和企业在市场化、全球化、区域化、一体化的驱动下，纷纷跨越原属行政区域边界，不断地规模化横向流动重组和向外扩张的运动的现象及过程。[①] 除非疆域特别狭小，任何一个国家都要根据行政管理的需要，将领土划分为有层次的区域，这一过程叫作行政区划。行政区划是一个国家为了维护政治、经济和社会的发展而对国土进行的空间划分，区划边界代表着一个国家、一个省份、一个城市政治权力所管辖的最大空间范围。从法律和政治结合的角度看，行政区划规定了不同政府在各自行政管辖范围内的政治利益主体地位，不同层级的行政区划，拥有不同的资源获取能力。

人类一切活动都离不开一定的地域空间——区域，任何国家或地方的可持续发展都是在一定的区域内完成和实现的。环境问题是一个跨越行政区域甚至跨越国界的问题。由于污染物的流动性，行政上的划分给环境管理带来了很多便利，但是同时也造成了根据污染物分布和特点进行综合管理的障碍。“环境区域的范围限定在污染的外部影响所能达到的最远边界，是一个边界相对模糊的区域”[②]，涉及多个行政区范围，因此跨界是指跨越两个以上的政府层级所辖区域范围。伴随着经济的快速发展，我国跨行政区的环境污染问题日益突出。[③] 当前我国跨行政区的环境污染问题主要体现在流域污染问题、大气污染问题。

“我国河流污染问题严重，河水的流动把污染物扩散到其他区域甚至全域，危害甚大。如淮河、海河、辽河的中下游地区水域污染严重。”[④]

近年来，我国大气污染日益严峻，雾霾天气肆虐，且几乎常态化。《2014年国民经济和社会发展统计公报》显示，根据《环境空气质量标准》监测的161个城市中，空气质量未达标的城市占90.1%，达标的城

① 陶希东：《中国跨界区域管理：理论与实践探索》，上海社会科学院出版社2010年版，第9—10页。

② 刘厚风、张春楠：《区域性环境污染的自治理机制设计与分析》，《人文地理》2001年第1期。

③ 张志耀等：《跨行政区环境污染产生的原因及防治对策》，《中国人口·资源与环境》2001年第11期。

④ 鲁明中：《中国环境生态学——中国人口、经济与生态环境关系初探》，气象出版社1994年版，第68页。

市仅占9.9%。频频发生、不断蔓延的雾霾，成为我国头号环境污染公害。[①]

2. 传统的“行政区行政”治理中国跨界环境问题陷入困境

跨界区域的组织管理实质上就是如何处理好不同行政区单元之间的横向关系，共同推动跨界区域的要素流动重组与市场整合。体制分割造成跨界区域的生态悲剧，在本质上就是流域生态区与行政区之间关系的不相耦合。

近年来，流域环境污染和水事纠纷事件反复出现。为了解决跨界水污染事件，一是尝试在行政区划之外成立区域性的环保机构，统一环境管理权；二是现行行政区划之间合作协同治理污染和开发水资源。国内区域性环境行政管理机构改革已经进行了有益的尝试，国家层面有《水法》所确立的流域管理模式；地方层面，浙江、吉林等省则根据《生态功能保护区评审管理办法》《生态功能区划暂行规程》等规定对省际生态区域划分以及生态经济建设示范区机构设置进行了尝试。

除了设置区域性环境行政管理机构之外，我国地方政府开始寻求环境治理和水资源的协商合作，并形成一定机制。例如，2000年年底，浙江义乌和东阳两地政府签订了有偿转让用水权的协议。2003年11月，海河流域内八省、自治区、直辖市在天津共同签订《海河流域水协作宣言》。2004年6月，《长江三角洲区域环境合作倡议书》获得通过。珠江三角洲地区通过签订《泛珠三角区域环境保护合作协议》《泛珠三角区域环境保护合作专项规范（2005—2010）》，建立了泛珠三角区域环境保护合作联席会议制、珠江污染信息通报制度和跨省级行政区河流跨界污染联防联治机制。

我国的环境保护长期以来实行的是以行政区域为主的管理体制，这种属地模式已成为跨行政区环境管理面临的主要问题。地方政府的环保责任仅限于本行政区域，各级政府只对本地的环境质量负责，这种责任体系对于跨界环境污染治理缺乏有效约束。在地方政府激烈的横向竞争以及跨行政区的区域环境管理尚未完善的情况下，地方政府作为“理性

---

① 肖建华、陈思航：《中英雾霾防治对比分析》，《中南林业科技大学学报》（社会科学版）2015年第2期。

经济人”往往表现出把本行政区的环境成本外部化的机会主义倾向。这种倾向通常表现为规避环境法规和降低环境标准、阻碍环保部门执法、包庇本地污染企业等。例如，在处理流域污染时，污染源所在的地方政府有义务履行监督的责任，使污染源达标排放。但现实是地方政府往往“以邻为壑”，为了当地经济的发展使下游居民的经济利益和健康遭受损失。

虽然我国初步形成了跨界生态区域管理体系，但在这种跨界生态区域管理体系中，地方政府或地方政府相关职能部门的合作多是在政府协商的基础上达成协议或共识，从而对各个行政区进行约束。[①] 大多数现存跨行政区域的环境保护政策都是行政主管部门的规章、批复或通知之类的文件，地方政府在处理跨行政区环境污染时基本没有具体的法律或法规可依。地方环境治理协作大多数是在环境执法层面，极少涉及区域规划和地方法制的衔接。欠缺区域性制度安排和法律规定，仅靠地方政府间协调解决的办法难以奏效，地方间相互推诿扯皮和争议不断。[②]

可见，依然以传统的“行政区行政”管理跨区域环境问题时，行政划分将完整流域人为分开，造成一些地方政府不重视全流域的利益。“行政区行政”使得江河、湖泊流域的各地方政府“必然寻求地方区域边界内的利益最大化，或地方行政区域边界内的治理成本最小化。一方面要防止区域内利益‘外溢’，另一方面企图由其他主体承担本区域发展成本”[③]。从而实际上很难形成一种“地方政府→区域公共管理组织←地方政府”合作协调的制度安排。当发生跨行政区的水污染事故和纠纷时，往往由于在利益分配上难以协调而无法形成水污染协同防控机制，致使流域内水污染纠纷和矛盾不断凸显。在行政区划大格局依旧的情况下，跨界管理体制、机制的重建与公共政策的创新，是我国跨界区域生态恢复与重建的核心与关键。

---

① 马强等：《我国跨行政区环境管理协调机制建设的策略研究》，《中国人口·资源与环境》2008 年第 5 期。

② 胡佳：《跨行政区环境治理中的地方政府协作研究》，博士学位论文，复旦大学，2010 年。

③ 臧乃康：《多中心理论与长三角区域公共治理合作机制》，《中国行政管理》2006 年第 5 期。

二　经济发展的“二元结构”造成我国城乡环保差距扩大

1. 经济发展的“二元结构”导致城乡差异和非均衡发展

美国著名经济学家阿瑟·刘易斯认为，发展中国家在工业化初期阶段形成的现代部门和传统部门同时并存的经济结构就是经济发展的二元结构。1860年以前，中国的传统社会是一种以一家一户的小农经济为主体的农耕文明社会。1860年后，结构开始变化，二元经济结构逐渐形成。美国经济学家舒尔茨认为：“发展中国家的经济增长，有赖于农业迅速稳定的增长。传统农业不具备这种能力，出路在于把粗放低效、封闭自给型的传统农业改造为需要大量技术、资金、物质投入的现代农业，依靠现代工业作为支撑。”

目前我国二元经济结构的主要表现如下：一是现代化的二元性，即城市的现代化水平得到很大的提高，然而农村的现代化水平却一直发展缓慢。二是城乡居民收入的二元性，即我国城乡之间居民收入的差距不仅没有缩小反而继续扩大。三是城乡居民生活消费水平也呈现典型的二元性。四是财政的二元性。财政二元性表现在国家在城乡公共产品生产和供给方面的二元结构，即城市所有公共品和准公共品生产（和供给）由国家包揽，但对农村公共品生产却较少投资。

中国二元经济社会结构的城乡关系的形成，既有自然历史原因，也有社会现实原因；既有中华人民共和国成立初工业化权宜的因素，也有计划经济时代优先发展重工业，并通过工、农业产品之间的价格“剪刀差”牺牲农业，补偿工业这种制度安排的结果，还有改革开放以来继续实行城乡分治的制度从根本上造成了农村居民的收入、可利用资源和生存质量都远远低于城市居民这种城乡差别性政策的原因。尽管改革开放之初我国乡村社会有了长足的发展，二元经济结构有所弱化，城乡差距有所缩小，但是伴随着我国经济的高速增长，城市先发优势越发明显，城乡之间的差距进一步扩大。2010年，城乡收入比高达3.22∶1。可见，中国经济的“二元结构”导致城市与乡村的差异和非均衡，城乡差别不仅没有消失，相反有加剧之势。

2. 二元结构背景下城乡环保差距扩大

在二元结构体制下，城乡环境也呈现出“城市环境好转，农村环境恶化”的二元趋势。中国农村的环境、生态恶化不同于发达国家和一般发展中国家的特殊性在于，它是城乡分治体制构架下的环境、生态恶化。

改革开放以来，随着工业优先增长和依托工业的集约化农业快速发展，使农村的产业结构从自然和谐型转变成自然危害型；居民集中居住使得原本可以自然消纳的生活污染物超出了环境的自净能力。在二元制经济结构下，城市是环保工作的主战场，农村的环境保护长期受到忽视，与环境治理有关的规划、基础设施、管理体系等在内的农村公共服务供给不足，使得中国在城市环境日益得到改善、工业污染逐步得到控制的同时，农村的生态环境污染问题日益突出。[①] 有学者指出，我国在城市环境日益改善的同时农村环境污染问题却越来越严重。[②] 《2011 年中国环境状况公报》[③]显示：农村和农业污染物排放量大，农村环境形势严峻。弱小的农村、弱质的农业和弱势的农民已经成为环境问题的最大“受害者”。

城乡环保差距扩大的原因表现在以下方面：一是城乡环境治理财政投入差距大。我国对环境保护的投资支持力度本来就较为不足，农村长期以来从财政渠道几乎得不到污染治理和环境管理能力建设资金。

二是城乡环境保护法规建设的差距扩大。目前我国虽然有不少较为规范的环境保护法律及相关条例，但适合农村生态环境保护的相关政策、标准和法规还很不健全。

三是城乡环境管理体系建设的差距扩大。我国的环境管理体系、体制最初是以城市污染和工业污染防治为目标建立起来的。目前省一级的地方环境管理体系基本完整地涵盖了环境管理所涉及的内容。而到县一级则基本不成体系，通常仅有统计和监察部分，到乡镇一级则几乎不存在。

城乡环境保护的观念差距是导致中国城乡环境二元结构的意识根源；城乡环境保护法规、管理机构和投入的差距是导致中国城乡环境二元结构的政策原因；城乡资源分布导致的环境权益分割是导致中国城乡环境二元结构的现实原因。[④]

---

① 雷鸣、秦普丰：《中国农村生态环境现状与可持续发展对策》，《环境科学与管理》2006 年第 9 期。

② 刘兆征：《当前农村环境问题分析》，《农业经济问题》2009 年第 3 期。

③ 《2011 年中国环境状况公报》，http：//jcs. mep. gov. cn/hjzl/zkgb/2011zkgb/201206/t20120606_ 231057. htm。

④ 孙加秀：《二元结构背景下城乡环境保护统筹与协调发展研究》，博士学位论文，西南财经大学，2009 年。

第五章　国外地方政府环境治理能力提升的经验借鉴

20世纪70年代以来，随着世界各国工业化的飞速推进，自然资源被人类过度开发造成了自然资源的枯竭。经济发展过程中只追求经济的增长而忽视生态环境的保护，发达工业国家频频发生严重的环境事件。这迫使世界各国政府出台了一系列政策措施以期解决环境污染的难题。美国、日本、英国和德国都在意识到环境污染问题的严重后果之后，仅仅用了短短几十年的时间就使国内的环境得到大大的改善，环境治理的工作取得了显著的效果。本章以美国、日本、英国、德国等为例，揭示国外地方政府环境治理能力提升的经验，希冀为我国地方政府环境治理能力提升提供富有意义的启示和借鉴。

第一节　地方政府环境权能的合理配置

政府权能理论是研究政府的权力、职能和能力之间的相互关系及其发展规律的一种政治学理论。政府职能给政府权力和能力规定了基本的方向和任务，而政府权力和能力是完成政府职能所规定的基本任务的必要手段。要使一个政府拥有推动社会发展的最大能量，必须处理好政府权力、职能和能力三者的关系，地方政府环境治理能力同样如此。西方发达国家中央政府生态环境管理组织机构的变革以及中央政府—地方政府间、（地方）政府部门间、跨行政区地方政府间的环境权能的合理配置为我国地方政府环境权能的配置提供了富有意义的启示和借鉴。

一　大部制：西方国家中央政府生态环境管理组织机构的变革方向

为执行国家环境行政管理的职责，西方国家中央政府建立了环境保护管理的专门机构。西方国家环境保护管理组织机构的发展变革如图 5-1 所示。①

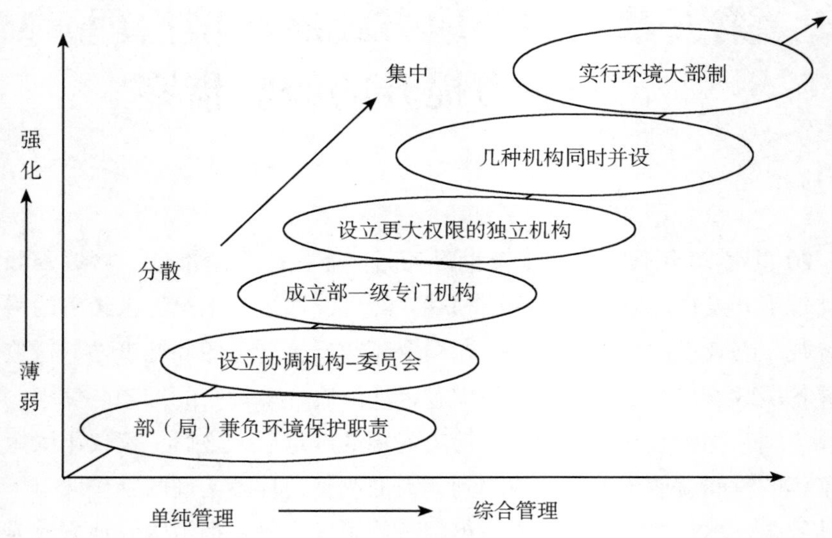

图 5-1　西方国家环境保护管理组织机构的发展变革

从西方国家环境保护管理组织机构的发展变迁来看，西方国家生态环境管理体制的建立和改革是根据生态环境问题的发展态势及其复杂性逐步进行的。在生态环境问题不很严重时，由部（局）兼负环境保护职责。随着生态环境问题的恶化，设立协调机构——委员会来负责制定政策和协调各部的活动。随着环境问题日益突出，成立部一级的环境专门机构来统管。20 世纪 70 年代，美国、日本的环境问题非常突出，设立更大权限的独立环境专门机构来加强环境管理。这种机构的权力超过一般的部，并且国家政府首脑兼任该机构的领导。但环境管理工作也并非全集中在独立环境专门机构一个部门，而是专门环保机构的统一领导和其他有关部门的分工负责相结合。随着全球化的不断发展，经济与环境之间的关系日益密切，环境问题涉及生产、流通和消费的各个领域。各主要发达国家的环境

① 肖建华、赵运林、傅晓华：《走向多中心合作的生态环境治理研究》，湖南人民出版社 2010 年版，第 176 页。

保护体制改革普遍按照生态系统原则逐步实行环境保护大部制。[①] 多年来，尽管西方各国政府管理体制不断改革，内阁组成部门不断调整，但环境管理机构的地位不断加强、职能范围也不断扩大，统一管理污染控制、生态保护工作。建立权威性的管理机构，进行行政直接干预是西方发达国家解决环境问题的重要经验。[②]

可见，西方国家中央政府环境管理机构的环境管理职权从薄弱到强化、环境管理机构的设置从分散到集中、环境管理机构的职能从单纯管理到综合治理。当前西方国家的环境管理已经逐渐从专门的、分部门的管理方式发展为积极的、综合的大部门管理方式，对资源环境实行统一管理。在人类的经济发展过程中离不开自然资源的开发利用，但对自然资源不合理的开发利用就会导致资源浪费和环境污染。自然资源和生态环境系统具有整体性和不可分割性，自然资源管理工作和环境污染治理工作不应该割裂开来。西方发达国家中央政府生态环境管理的大部制改革，从机构设置来看，普遍设立了环境部，统一监管污染控制、自然资源保护工作。1970 年，英国将原公共建筑及工程部、住房及地方政府部、运输部的环保工作合并，成立环境事务部。环境事务部全面负责污染防治工作，协调农渔食品部、内政部、工业贸易部和能源部的环保工作。1986 年德国成立了联邦环境、自然保护与核安全部。2001 年，日本环境厅升格为环境省。环境省设有大臣官房、地球环境局、环境管理局和自然环境局。意大利成立的环境、国土与海洋部，其职责范围涵盖环境污染防治、国土资源、能源资源的管理。

二　西方国家中央政府—地方政府间环境权能的合理配置

中央与地方政府之间的关系对于环境治理是至关重要的，包括两个层面：各级政府之间的垂直关系与同级政府之间的水平关系。下面分别介绍联邦制的美国和中央集权制的日本中央政府—地方政府间环境权能的合理配置及经验。

1. 美国中央政府—地方政府间环境权能的合理配置

美国是环境保护体制较为先进的国家。美国是一个联邦制国家，在管

① 国冬梅：《环境管理体制改革的国际经验》，《环境保护》2008 年第 4 期。

② 李金龙、胡均民：《西方国家生态环境管理大部制改革及对我国的启示》，《中国行政管理》2013 年第 5 期。

理机构上分为联邦层面的生态保护管理机构和州政府层面的生态保护管理机构。在环境治理上实行的是由联邦政府制定基本政策、法规和排放标准，并由州政府负责实施的体制。现代美国环境治理体系可以视为联邦政府与州政府之间为实现环境法律规定的目标而达成的一系列协议或合同。联邦环境法通常是一般性的规定，各州政府负有环境管理和环境执法的主要职责。美国各州都设有州一级的环境质量委员会和环保局，美国各州的环保局不隶属于联邦环保局，而是依照州的法律独立履行职责。州政府必须首先确保该州的法律和执法资源满足联邦法律的执法要求。对于环保法规，任何一个州的标准在严格性上不得低于美国国家环保标准。美国联邦环保局，通过它的地方机构，与州政府进行协商，并监督州政府执行联邦法律的情况。这类的协议不计其数，而且协议的内容在各州之间也各不相同。1995 年，环保局对各州执行协议体系进行改革，新的体系更加强调执行计划的结果，这就是“国家环境绩效合作体系”（NEPPS）。目前美国联邦与州的环境协议体系还存在一些问题①：首先，各州政府在执行环境法律的能力差异显著。其次，存在联邦、州与公民法律权利的平衡问题。最后，当州政府没有认真贯彻执行协议的时候，联邦政府实际上能够采取的措施几乎不存在。

美国联邦政府的生态保护职责分散在多个管理机构当中，通过有效的部门协调机制，联邦政府实现了有效的生态管理。② 美国联邦政府设有两个专门的环境保护机构：环境质量委员会（CEQ）和联邦环保局（EPA）；同时，联邦政府其他有关部门也设有相应的环境保护机构：内务部（DOI）及其所属机构，主要包括土地管理局、渔业和野生动物局、矿产管理局、国家公园管理局、露天采矿、复垦与执法办公室；能源部（DOE）及其所属机构，主要包括核能办公室、能源效率和再生能源办公室、环境管理办公室、联邦能源管制委员会、化石能源办公室；农业部（DOA）及其所属机构，主要包括林业局和土地保护局。

美国联邦环保局是执行环境管理职能的最高机构。美国联邦环保局代表联邦政府全面负责环境管理，环保局局长由当选的总统提名，经国会批

---

① 齐晔等：《中国环境监管体制研究》，上海三联书店 2008 年版，第 314 页。

② 宋海鸥：《美国生态环境保护机制及其启示》，《科技管理研究》2014 年第 14 期。

准生效，直接对总统负责。美国联邦环保局规模庞大，根据环境法律的授权，环保局独立执法，具有很高的权威，保证环境保护的协调和执法能力。

美国政府间的财权配置对于地方政府履行环保职能具有积极的激励意义①：首先，美国地方政府有自己的财政收入来源，并且依法独立自主地决定其开支。其次，地方政府承担的职能与其可供支配的财政资源是大致相匹配的，也即财权与事权对等。最后，联邦政府与州政府的财政支持也大大帮助了地方政府更好地履行环保职能。

美国政府间的财权配置激励美国地方政府积极履行环保职能，同时通过完善的环保法律对地方政府履行环保职责进行监督与制约。在美国，环保法律非常发达，这对地方政府正确行使权力，积极履行环保职责具有重要的监督与制约作用，重点体现在以下几个方面②：首先，美国环保法律明确规定了政府的环保职责。其次，地方政府成为环保法律中明确的法律责任主体。最后，美国环保法律中的环境公民诉讼制度对于地方政府环保履职起着重要的监督与制约作用。

2. 日本中央政府—地方政府间环境权能的合理配置

日本的政治制度采取的是中央集权的模式，日本从中央到地方都形成了比较完善的公害防止组织，中央的环境保护机构分为公害对策会议和环境厅（后来升为环境省）。环境省主要负责组织、协同全国环保事务性工作；公害对策会议就环保方针、政策、计划、立法及重大环境行为向内阁总理大臣提出咨询意见，是其环境咨询机构。中央公害对策审议会下属于环境省。此外经济产业省、厚生劳动省、农林水产省、国土交通省、文部科学省、外务省等部门也协同中央政府实施部分环境管理职能。地方的都道府县、市街村相应设立了公害对策审议会和公害对策会议。

日本的地方环境管理机构只对当地政府负责，中央环境管理机关和地方环境管理机关之间是相互独立的，没有上下级的领导关系。为了保证环保法律的实施，环境省将部分权力交给地方政府行使。由此看来，环境省是地方政府的上级机构，后者在法定范围内接受环境省的领导和监督。中

① 罗文君：《论我国地方政府履行环保职能的激励机制》，博士学位论文，上海交通大学，2012年。

② 同上书，第103—107页。

央政府对地方环境管理的影响主要体现在颁布国家立法、确立政策框架和发放财政补贴上，具体环境管理事务由地方负责。这样，在日本就形成了地方主导与自主型的环境管理体制。[①]

3. 西方国家中央政府—地方政府间环境权能合理配置的经验

明晰中央与地方政府间的环境管理权责是西方国家中央政府—地方政府间环境权能合理配置的经验。[②] 中央环境管理机关集中于决策和监督，地方政府承担更多的执行性职能。美国是一个联邦制国家，联邦环保局与各个州在环境问题上是伙伴关系，而不是领导关系。联邦环保局出台的各项政策都是以项目的形式与各个州签订工作协议来实施的。

日本的中央环境管理机关与地方环境管理机关之间也不存在领导被领导关系，中央环境管理机关的职能主要是颁布国家立法、确立政策框架和发放财政补贴，地方环境管理机关的职能主要是负责执行具体环境管理事务。日本生态环境管理的成功之处主要是提高了地方政府环境管理的积极性、责任性和创造性。具有法律强制性的“公害防治条例”和环境影响评价制度等环境法律和政策的创新都率先由日本地方政府颁布和实施。

三　（地方）政府部门间环境权能的合理配置

生态环境系统是一个有机联系的整体，生态环境问题的处理涉及的面比较广、综合性强、技术要求高。如果在管理体制上将生态环境问题的管理人为地分割为不同管理部门会导致生态环境管理部门的“碎片化”。因此，西方国家政府不论采用什么样的环境管理体制，一般都比较注重环境管理机构之间的协调与合作，注重环境咨询协调机构的建设。英国除了议会设有皇家环境污染委员会外，同时还设立了清洁空气委员会、国家水委员会、水域风景区舒适委员会、国家放射性防护局、自然保护委员会等咨询协调机构。美国政府成立的环境质量委员会既是环保事务的管理机构，又是总统的咨询与协调机构。还是行政机关间的协调机构，帮助总统协调

① 李蔚军：《美、日、英三国环境治理比较研究及其对中国的启示——体制、政策与行动》，硕士学位论文，复旦大学，2008 年。

② 李金龙、胡均民：《西方国家生态环境管理大部制改革及对我国的启示》，《中国行政管理》2013 年第 5 期。

解决行政机关间有关环境影响评价的意见分歧。日本设立的公害对策会议主要就环境保护的方针、政策、计划、立法及重大环境行为向内阁总理大臣提出咨询意见，实际上是内阁总理大臣的环境咨询机构。加拿大跨部门环境治理中，普遍采用理事会协调机制。

四　跨行政区地方政府间环境权能的合理配置

许多环境问题，尤其是水污染、空气污染和危险废物污染常常是跨地区甚至是跨国界的。设置跨区域的环境管理机构，是美国跨界环境管理的成功经验之一。

美国联邦环保局（EPA）将全美 50 个州划分为 10 个大区进行管理，在每个大区设立区域环境办公室。区域办公室只向 EPA 负责。区域办公室在管理的州内代表联邦环保局执行联邦的环境法律、实施联邦环保局的各种项目，并对各个州的环境行为进行监督。

在美国联邦制下，运用许多法律和组织工具来解决跨界环境污染问题：建立州际委员会，处理各种共同面临的问题，例如德拉华河流水务委员会是由国会以及相关州批准成立的；出台解决跨界问题的法律和规章，例如《清洁空气法》的修正案提供了具体的机制以解决一州对来自另一州的污染诉讼；建立“管理局”用以解决那些需要政府强力介入同时又需要不同管辖范围内的行政部门统一行动的问题；签订州际合同，加强地区间或地区内的协议和安排。

流域作为一种特殊的自然地理单元，如果流域区大于行政区，流域跨越数个行政区边界，形成典型的跨界流域。国外跨界流域治理通常有三种模式：一是国家政府多部门合作治理，由综合流域管理机构负责管理流域跨界事务的模式；二是国家政府多部门合作治理，流域机构在中央政府领导下进行综合治理的模式；三是通过协商机制建立的河流协调组织（流域协调委员会）综合治理，赋权于单一流域机构进行跨行政区流域的综合治理模式。美国田纳西河流域、欧洲莱茵河流域跨界治理已经成为全球跨界流域治理的典型成功案例，积累了许多相对有效的跨界治理制度体系，其成功的经验值得总结和借鉴。

1. 美国田纳西河流域跨界治理的经验

美国田纳西河是美国东南部密西西比河的一条二级支流，长 1050 公里，流域面积10.5万平方千米。由于地跨弗吉尼亚、北卡罗来纳、佐治亚、亚拉巴马、密西西比、田纳西和肯塔基7个州。长期以来该流域因单个地方政府无力承担大规模的开发而导致该流域虽自然条件优越但经济萧条，成为美国最贫穷的地域之一。1933年罗斯福“新政”时期，田纳西河成为美国流域综合治理的试点，经过多方面的长期努力，田纳西河流域已经成为全球跨界流域治理的典型成功案例。其成功的经验主要体现在以下几点。

第一，法制先行，依法成立流域跨界管理机构。1933年，美国国会通过了《田纳西河流域管理局法》，依法组建对流域进行统一开发与管理的专门机构——田纳西河流域管理局（TVA），并对其职能、任务和权力等作了明确规定。

第二，体制独特，构筑效率、科学、民主的决策机制。田纳西河流域管理局是一个“既具有政府职能又具有私营企业灵活性和创新性”的准政府机构，对整个流域的水电、防洪、灌溉、水土保持、生态恢复等事宜进行一体化管理。田纳西河流域管理局构筑了特殊的管理体制和运行机制。首先，田纳西河流域管理局是相对独立的联邦政府机构，只接受总统的领导和国会的监督，在流域开发管理中拥有广泛的自主权。其次，田纳西河流域管理局按公司形式设置，成立董事会，董事由总统提名，经参、众两院通过后任命。再次，按照决策、执行、咨询相对分离、相互协作的原则，董事会设立“执行委员会”和“地区资源管理理事会”，促使流域管理决策民主化和科学化。最后，田纳西河流域管理局在实际运行过程中，通过联邦政府扶持、大力开发电力等赢利项目、向社会发行债券的筹资渠道建立了自身良好的循环发展机制。

第三，统一规划，合理安排流域开发建设时空序列。按照“防洪、疏通航道、发电、控制侵蚀、绿化，促进和鼓励使用化肥等，发展经济”的指导思想，田纳西河流域管理局对全流域进行了统一规划，制定了合理的流域开发建设程序，不断推进整个流域的自然资源开发和产业结构的调整，促进社会经济的协调发展。

2. 欧洲莱茵河流域跨国协调管理的经验

莱茵河发源于阿尔卑斯山，全长1320千米，流域面积18.5万平方千米。干流流经瑞士、德国、法国、卢森堡、荷兰5个国家，是一条典型的国际性河流。20 世纪 50 年代以来，人口的增加和快速工业化导致莱茵河出现跨界水体污染、洪水困扰、流域生态退化等区域问题，特别是面临巨大的环保难题。按照莱茵河跨国协调管理模式，莱茵河是世界上解决环保问题最成功、管理最好的一条河流。其成功的经验主要有以下几点。

第一，设立跨国民间协调管理组织：莱茵河防治污染国际委员会（ICPR）。1950 年 7 月，莱茵河沿岸的五国共同成立了“莱茵河防治污染国际委员会”（ICPR），这是一个由各国部长自愿参加的国际民间组织。

第二，签订跨国水环境管理协议：内容多样、协调行动、依法执行。围绕如何共同治理莱茵河污染和洪水等公共问题，先后签署了系列化的水环境保护协议或行动计划，各签约国家协调一致，共同行动，努力完成协议确定的目标。

第三，相互监督，公众参与：国家之间、州之间严格实施。在整个流域设置较为完善的监测系统。监测系统在莱茵河的环境管理和跨国协调中发挥了基础性的技术支持作用。这些监测成果是公开的，公众可以方便地获取或在网上查找，以接受公众的监督，并且国家之间、州之间严格实施相互监督。

第二节　地方环境政策工具的组合运用

随着 20 世纪 80 年代以来政策工具研究的兴起，学者和实践者们找到了一种改善和提高政府绩效的新途径，这种新途径即是进行正确与恰当的政策工具选择。戴维·奥斯本曾言：“今天我们政府失败的主要之处，不在目的而在于手段。”[①] 彼得斯也认为：“政策工具选择作为提升执行绩效的知识而变得更加重要。”[②] 国内外学者普遍认为任何单一的政策工具都无法有效解决某一公共问题，多种工具的组合运用是当前及未来政策工具

① ［美］戴维·奥斯本、特德·盖布勒：《改革政府：企业家精神如何改革着公共部门》，周敦仁等译，上海译文出版社 1996 年版，第 8 页。

② B. Guy Peters and Frans K. M. Van Nispen, *Public Policy Instruments*, Edward Elgar, 1998, p. 46.

选择的主要形式。环境政策的制定并不是在命令—控制式工具和市场化工具之间进行简单的选择。为了同时满足多个目标（例如效率、可持续性和公平分配），通常需要政策工具的综合使用。[①] 可见，国外地方环境治理中环境政策工具的组合运用，对于地方政府有效实现环境治理政策目标、提升地方政府环境治理能力作用重大。

一 生态环境政策工具的类别

随着政策工具主义研究的兴起，西方许多学者都试图对政策工具进行有意义的分类，[②] 最早对政策工具进行分类的学者是德国经济学家基尔申（E. S. Kirschen）和他的同事们。V. 德尔道隆（Van der Doelen）把政策工具划分为法律工具（管制）、经济工具（财政激励）和沟通工具（信息传递）三种类型。[③]

世界银行将生态环境政策工具分成四类（见表 5-1）：利用市场、创建市场、环境管制和公众参与。表 5-1 中列出的各种政策工具可运用于自然资源管理（水、渔业、土地、林业、农业、生物多样性和矿产）或者是污染控制方面（空气、土壤以及固体和有害废弃物）[④]。

近年来，西方发达国家尤为注重环境治理中经济目标与环境目标和技术目标、政府引导与企业和公众主动参与等的协调，许多沟通性、规劝性、志愿性的新途径、方式和手段不断涌现。例如，自愿性协议方式（Voluntary Agreements，VAs）、环境标志和环境管理系统（Environmental Management Systems，EMS）等基于信息的手段（Informational Devices，IDs）。[⑤]

---

① ［瑞典］托马斯·思德纳：《环境与自然资源管理的政策工具》，张蔚文、黄祖辉译，上海人民出版社 2005 年版，第 503—504 页。

② ［美］迈克尔·豪利特、M. 拉米什：《公共政策研究：政策循环与政策子系统》，庞诗等译，上海三联书店 2006 年版，第 142—145 页。

③ ［美］盖伊·彼得斯、弗兰斯·冯尼斯潘：《公共政策工具：对公共管理工具的评价》，顾建光译，中国人民大学出版社 2006 年版，第 17—18 页。

④ ［瑞典］托马斯·思德纳：《环境与自然资源管理的政策工具》，张蔚文、黄祖辉译，上海人民出版社 2005 年版，第 102 页。

⑤ 任志宏、赵细康：《公共治理新模式与环境治理方式的创新》，《学术研究》2006 年第 9 期。

表 5-1　政策矩阵中的工具分类

利用市场	创建市场	环境管制	公众参与
补贴削减	产权与地方分权	标准	公众参与
环境税费	可交易许可证和权利	禁令	信息公布
使用者收费	国际补偿机制	许可证与限额	
押金—退款制度		分区	
有指标的补贴		责任	

资料来源：世界银行 1997 年度报告。

可见，生态环境治理的政策工具的类别有命令—控制型政府管制工具、基于市场的工具、自愿性环境协议工具以及基于信息的工具。[①]

二　西方国家地方环境政策工具的组合运用轨迹

自 20 世纪 30 年代以来，环境污染和恶化问题引起了西方发达国家政府的高度重视，各国政府在生态环境治理过程中相继出台了多种环境政策来减轻环境污染问题，综合起来环境政策手段的发展轨迹如下（见图 5-2）。

1. 20 世纪 70 年代前，各国政府选择法律或者行政的方法制定环境质量标准来限制或者禁止污染。[②] 命令—控制型政府管制工具利用权威性和强制力的优势，使得环境污染得到了快速的缓解。

2. 20 世纪七八十年代，随着市场的发展，以市场为主的经济刺激型手段得到了重视和发展。与命令—控制型的管制措施相比，这种机制最大的特征是能够促进污染防治技术的创新和扩散，在整体上形成低成本、高效率的污染防治体系。[③]

3. 20 世纪 80 年代末期以来，环境保护的意识和价值观已经逐步渗透到每个人的行为方式，公民和企业开始自觉自愿地参与到环境保护和环境管理中。政府除了使用命令—控制型政府管制工具和基于市场的激励性工

① 肖建华：《生态环境政策工具的治道变革》，知识产权出版社 2009 年版，第 19 页。

② ［美］丹尼尔·F. 史普博：《管制与市场》，余晖等译，上海三联书店 1999 年版，第 56 页。

③ Hockenstein J. B. , Robert N. S. , Bradley W. "Creating the Next Generation of Marketbased Environmental Tools", *Environment*, 1997, 39 (4): 12-20.

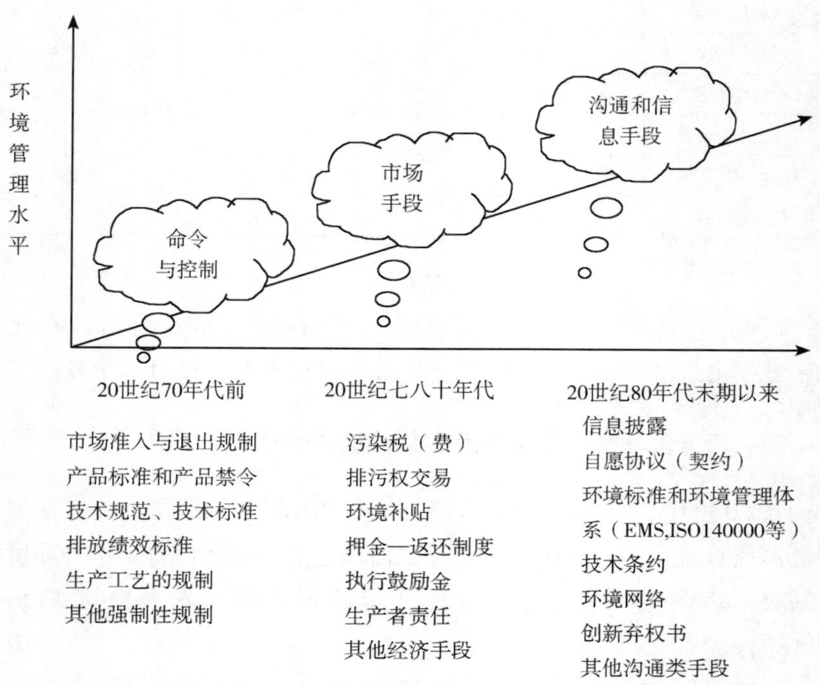

图 5-2 OECD 国家环境政策的演变与创新

资料来源：任志宏、赵细康：《公共治理新模式与环境治理方式的创新》，《学术研究》2006 年第 9 期。

具之外，自愿性环境协议工具以及基于信息的工具成了这两种工具的重要补充。建立环境和自然资源保护方面的政策工具是一项复杂的任务，在许多情况下，需要同时追求几个目标，为了实现最佳效果，就需要把一系列政策工具组合起来使用。

三 西方国家地方环境政策工具的组合运用实践

西方发达国家 20 世纪七八十年代的主要环境政策是采用命令和强制性法规；到了 20 世纪 80 年代末，基于市场的环境经济政策被广泛采纳；而到了 20 世纪 90 年代，随着信息技术的发达，经济行为的透明度不断提高，环境信息手段的威慑力不断凸显，环境信息公开和自愿性环境措施逐渐成为环境政策中不可缺少的一部分。

1. 命令—控制型政府管制工具：重点在于提高执法能力

命令—控制型生态环境政策工具主要以许可、审批、标准控制等手段为主，同时环境立法和环境标准大量出现，环境管理机构在各个国家普遍设立。目前美国、日本、欧盟成员国等国家运用命令—控制型生态环境政策工具的重点在提高执法能力、强化环境执法方面。[①]

为保证制度能够有效实施，美国的法律条文中往往就直接含有实施措施和细则，有关部门还会制定相关的实施标准和评价标准。例如，自1969年《国家环境政策法》颁布以来，美国出台了大量的控制环境污染和资源破坏的行政法规，将环保指标和要求具体化、可操作化。在执行机制中最为突出的是美国建立了监督机制和诉讼制度。所谓监督机制，是指法律赋予民众许多关于监督排污、噪声、水污染的制造者，对他们违背环保规则的行为给以监督，并向有关部门反映或起诉的权利；所谓诉讼制度就是美国的环境公益诉讼，即公民诉讼（citizen suits）。另外，美国在环境执法方面，按执行主体不同分为行政执行、法院执行和公民或公众团体执行。这些都是监督和推动国家行政机关实施环保法律，加强环境管理的执行机制。另外，西方各国主要通过修订刑法典以增设环境犯罪条款、在环境资源法律中设置刑事条款、制定特别刑法等方法来加强环境法的实施。

2. 基于市场的激励工具：政府箭袋里的箭比较多

基于市场的政策工具，指政府管理当局从影响成本—效益入手，根据价值规律，利用价格、税收、信贷、投资、保险、微观刺激和宏观经济调节等经济杠杆，调整或影响市场主体产生和消除污染行为的一类政策手段。基于市场的政策工具具体包括收费政策（排污收费、产品收费、使用者收费、管理收费）、环境税收政策、价格政策、补贴政策、环保投资与信贷政策、押金制度和排污权交易等。西方国家基于市场的激励工具比较多，目前主要运用以下政策工具。

（1）建立明晰的自然资源产权制度

资源是人类生产资料或生活资源的来源。狭义的资源通常是指自然资

---

① 蔡守秋：《国外加强环境法实施和执法能力建设的努力》，http://www.riel.whu.edu.cn/article.asp?id=25917。

源，指在其原始状态下就有价值的货物。自然资源包括可再生自然资源和不可再生自然资源，包括土地、森林、水、矿产等。自然资源的权属配置是保护好自然资源与生态环境的核心问题，自然资源的权属配置即自然资源产权制度对自然资源的合理利用与开发、保护与再造至关重要。

（2）构建合理的自然资源价格形成机制

众所周知，资源价格形成机制是保障资源价格合理的基础，价格形成机制不正常，就不能形成合理的价格，必然导致资源使用不合理。各国各种资源的价格形成机制是多因素综合作用的结果。市场化是西方国家各种资源价格形成机制的总趋势，但即使那些资源价格形成机制已经市场化的西方国家，也并不排除政府宏观调控。①

（3）排污收费和税收政策

OECD 国家的排污收费体系中大致包括收回成本型、提供刺激型和增加财政型三种，收回成本型收费是 OECD 国家排污收费的主要形式。OECD 国家根据成本有效性原则，主要从以下两个方面确定收费对象：第一，对于重点污染物的大型排污者可以进行直接监测，严格按照排污量征收排污费。第二，对于十分重要但又无法有效监测的部分，应通过寻找合适的代理进行征税。这种代理可以是与产生环境污染有关的生产产品的原料、工艺过程或者是产品本身。

发达国家征收的环境税主要有以下几种②：第一，环境（污染）税。污染物主要是废气、废水、固体废弃物、噪声四类。第二，生态（破坏）税。主要包括森林砍伐税等。第三，其他税收环保政策，主要对环保技术的研究、开发、引进和使用，对环保的投资，环保产业的发展及环保行为实行税收优惠政策，对污染产品和不利于环境保护的行为征收重税。20 世纪 90 年代中期以来，许多西方国家进行环境税制改革：（1）重视税率差别和税收减免的调节作用；（2）以能源税为主体，税种多样化；（3）将税收负担逐步地从对收入收税转移到对环境有害的行为收税；（4）推行税收中性（revenue-neutrality）政策。西方国家环境税实施多年，已在一些领域取得明显的效果。

① 雷光宇：《国外资源价格形成机制探究》，硕士学位论文，河北大学，2011 年。

② 金三林：《环境税收的国际经验与我国环境税的基本构想》，《经济研究参考》2007 年第 58 期。

（4）排污权交易政策

排污权交易，亦称为排污指标的有偿转让，是指排放单位在环境保护行政主管部门的监督管理下，以排污指标为标的进行交易。美国推出的排污权交易制度则是通过市场运作，将排污权作为一种资源，通过市场的竞争，使拥有排污权的经济主体从事环保都能有利可图，改变了过去环保行为只有社会效益、环境效益而无个体经济效益的状况，特别是在政府无法有效解决环境问题，出现政府失灵时，排污权交易制度作为一种制度创新，不失为非常重要的环保措施。[①]

美国排污权交易政策实施的经验：进行系统立法；加强排污交易的监管和执行；完善的排污交易公众参与机制；实施排污的容量总量控制。美国联邦环保局于 1982 年颁布了排污交易相关法规，并于 1986 年进行了修改。德国、英国、澳大利亚等国家也相继实行了排污权交易的实践。

从国外实践看，排污权交易的具体操作中包含以下几个主要环节：[②]明确排污交易对象—科学核定区域内排污权总量—建立排污权交易市场—制定排污权交易规则和纠纷裁决办法。西方国家的排污权交易实践表明，完善的法律制度、多样的交易主体和中介机构、多元化的许可证分配方式、完备的监督管理体制以及对市场规律的尊重，对于排污权交易的实施至关重要。[③]

（5）环保投融资政策

环境保护需要社会各界诸多方面的支持，更离不开大量的资金投入和运作。目前，世界各国都面临着环保投资不足的问题。环境保护投资不足已成为世界各国的常态。

发达国家在 20 世纪 70 年代初，就开展了一系列环境保护政策研究，经过多年的实践取得了显著的成绩，发达国家环保投融资的成功做法有如下几个方面。

第一，环保基础设施以政府投资为主，并采取灵活的经营方式。环境

① James Greyson, "An Economic Instrument for Zero Waste, Economic Growth and Sustainability", *Journalof Cleaner Production*, 2007, (15).

② 朱志刚：《积极推进排污权交易 努力构建环境保护新机制》，《经济日报》2006 年 3 月 16 日。

③ 王小军：《美国排污权交易实践对我国的启示》，《科技进步与对策》2008 年第 5 期。

保护基础设施成为发达国家环境保护财政投资的优先考虑。发达国家的环境保护基础设施一般由中央、地方和社会共同筹资，由地方或企业集团建设和管理。这些国家十分重视采取多种手段筹集社会资金。

第二，采取市场导向、经济手段为基础的环保融资措施。主要措施为：征缴环境服务税和污染产品税；排污许可证交易融资；押金制。

第三，对中小企业污染防治提供融资支持。

第四，组建相应的环保服务机构，对私营企业和地方政府提供技术和财政上的支持。

环境保护投资是表征一个国家环境保护力度的重要指标。西方国家环境保护投融资体制创新取得了如下的经验①。

第一，融资渠道多元化——资金投入的增量化。如欧共体环保融资渠道包括公司自身资源融资和外部资源融资、使用者收费、排污收费、生态税、地方税、高层政府转移支付、可交易许可证拍卖、环境基金、彩票收益等。

第二，融资组织专门化——资金运行的有序性。例如，北美成立了环境融资咨询委员会、环境融资中心（EFC）。加拿大政府成立了环境融资信息网络（EFIN），日本政府成立了财政投资与贷款项目基金。

第三，融资政策激励性——资金吸纳的有效性。政府通过优惠和贴息贷款、税收激励等政策吸纳社会资金投入环境保护。例如，加拿大政府设立绿色市政投资和饮用水国家级周转金，日本长期以来都对公害防治给予税收激励。

3. 自愿性环境协议工具

最早提出自愿性环境协议的国家是日本。1964 年，日本的一家子公司和当地政府达成了一项环境保护协议以保持低水平排放污染物。20 世纪 70 年代初，法国新成立的环境部为了显示其解决环境问题的能力和效率，开始采用环境协议的手段。德国也是最早采用环境自愿协议的欧洲国家之一，而且现在这种协议仍相当流行。荷兰、美国推行一系列的自愿性伙伴合作计划，鼓励企业超越现行的环境规定和标准，取得了更佳的环境

① 杨晓龙：《江苏省环境保护投融资体制改革研究》，硕士学位论文，上海交通大学，2008 年。

表现。

自愿性环境协议在不同的领域，如节能、温室气体排放、废弃物的回收和管理方面都取得了一定的成效。自愿性环境协议作为一项政策措施被采用，一直存在不少争议。尽管存在争议，但各国成功地实施自愿性环境协议有以下共同的特点：协议内容规定了清晰的数量化目标和明确的时间表等实质性的承诺；协议中规定了惩罚措施，如果企业未能按照协议的规定履行，将直接导致立法管制或更严格的责任；协议的透明度非常高；自愿性协议有合同的属性，具有法律约束力。①

4. 基于公众参与的信息公开工具

托马斯·思德纳指出，环境信息已经独立于其他的环境管理方法而成为一种新的环境管理手段，继环境管理的法律规制和基于市场工具之后被称作环境政策制定的“第三波”。② 环境信息的公开成为公民参与环境管理权力的前提条件，在环境管理中的地位也越来越重要。

美国、澳大利亚、韩国、日本、英国、加拿大等国分别制定了《信息公开法》。目前在环境信息公开制度方面有所建树的国家主要是《奥胡斯公约》的签字国和缔约方。欧盟及其成员国以及美国等国的环境信息公开的主要特点有：环境信息公开的透明度高；信息公开法律明确而又具体，具有很高的操作性；欧盟新指令注重环境信息公开的平等性；强调政府在环境信息公开中的责任；完善的环境信息公开救济制度。

第三节 地方环境公众参与基础的构筑

公众是环境保护运动的原动力和主体。国外地方环境公众参与基础的构筑经验主要表现为重视并积极开展公民环境教育、法律赋予公民环境权、政企环境信息公开、支持环境 NGO 发展、支持公众参与环境决策。

---

① Jonathan Golub, *New Instruments for Environmental Policy in the EU*, Routledge, 1998, p. 14.

② ［瑞典］托马斯·思德纳：《环境与自然资源管理的政策工具》，张蔚文、黄祖辉译，上海人民出版社 2005 年版，第 190—193 页。

一 重视并积极开展公民环境教育

西方发达国家重视环境保护的教育和宣传，从而使公众具有良好的环保意识和对环境生态的关爱，为推进环境保护和可持续发展奠定了基础。西方发达国家各级政府开展环保教育的做法和经验如下：第一，通过环境教育立法，确立国家对公众进行环境教育的责任和义务。例如，美国的《环境教育行动法案》，是世界上第一部环境教育法。该法全面规范了美国公众环境教育的队伍建设、机构管理、经费投入，确认了国家对培养有环保知识和技能、有环保责任感和正确的环境决策能力的高素质人员的迫切需求。第二，将环保教育与高等学校的相关课程相结合。例如，20 世纪 90 年代以后，日本政府逐步将环境教育纳入正规的国民教育体系。美国政府将循环经济的理念结合美国的传统文化和生态经济学原理纳入各级学校教育。第三，环保教育的形式多样。除采用传统课程进行环境教育外，美国还重视运用各种手段宣传循环经济，如开展环保知识竞赛和野外露营等活动，提倡公众参与，以提高民众的环保意识，推进循环经济的发展。澳大利亚创造机会让青少年参加各种活动，让孩子们在实践过程中，培养环境意识和提高解决环境问题的能力。

二 法律赋予公民环境权

1972 年联合国人类环境会议上通过了《人类环境宣言》，第一次提出环境权。1973 年维也纳欧洲环境部长会议上将环境权作为一项新的人权加以肯定。[①] 随着环境权理论的提出和发展，许多国家和国际组织开始了环境权的立法实践。综观各国宪法中的环境权条款，国外环境权立法有三种比较典型的设计方式[②]：第一种，公民享有环境权的同时承担环境义务，这是一种以民事权利为蓝本的环境权设计。第二种，公民的环境权与国家的环境义务相结合构成了宪法上的环境权关系。第三种，按照公民的环境权利义务和国家的环境义务相结合的方式设计环境权。西方国家除了通过宪法对公民环境权进行设计外，还通过环保基本法、单行法律对公民

① 李艳芳：《论环境权及其与生存权和发展权的关系》，《中国人民大学学报》2000 年第 5 期。

② 周训芳：《环境权论》，法律出版社 2004 年版，第 267—270 页。

实体环境权进行规定。为保障公众实体环境权的实现，西方国家设计了环境知情权、环境参与决策权和获得司法救济权等程序性环境权。

三 政企环境信息公开

公众行使环境决策权力的前提条件是拥有环境知情权，政府应进一步拓展环境信息公开的广度和深度，帮助社会公众获取相关信息。[①] 从公开的主体看，环境信息公开分为政府环境信息公开、企业环境信息公开和社会环境信息公开。鉴于篇幅限制，下面主要介绍西方国家政府环境信息公开和企业环境信息公开的做法及经验。

1. 西方国家政府环境信息公开的做法及经验

1966 年美国国会制定了人类历史上第一部《信息公开法》。后来又制定了《个人隐私法》（*The Federal Privacy Act*）、《阳光下的政府法》（*Government Under Sunshine Actor Open Meetings Act*）。在环境资源信息方面，《资源保护和回收法》《清洁空气法》《清洁水法》《应急计划和社区知情权法》（EPCRA）等环境立法建立了环境信息对公众公开的法律制度。美国环境立法中明确规定了公民诉讼，公民可以依法对违法排污者或未履行法定义务的联邦环保局提起诉讼。

英联邦的《环境信息条例》《环境信息条例修订案》《信息自由法》明确规定了政府公开环境信息的义务、公众获取环境信息的权利，公众获取环境信息的方式、程序、收费标准，以及无法获得所要求的信息的救济程序。可见，英联邦的环境信息公开制度已经相当完善。

欧盟及其成员国以及美国等国的环境信息公开制度在其保护环境、防治环境污染方面起到了很好的效果，归纳起来，它们的主要经验有：（1）环境信息公开的透明度高；（2）环境信息公开法律对环境信息作了严格的界定；（3）注重环境信息公开的平等性；（4）强调政府在环境信息公开中的责任；（5）完善的环境信息公开救济制度。

2. 西方国家企业环境信息公开的做法及经验

从 1990 年开始，美国企业自愿或按法律规定对公众发布企业环境信

---

① 肖建华：《参与式治理视角下地方政府环境管理创新》，《中国行政管理》2012 年第 5 期。

息。[①] 在欧洲，丹麦、芬兰、瑞典、挪威可谓是发布企业环境报告的急先锋。在亚太地区，日本后来居上。继 1993 年 IBM 日本公司开始发布环境报告后，从 1999 年起，一大批企业纷纷对外发布环境报告，增长非常迅速。

发达国家环境报告书的发展历程见图 5-2。20 世纪 70 年代，发达国家的企业环境报告只能算是企业年度财务报告的附注；20 世纪 80 年代，出现了一次性的环境报告；20 世纪 90 年代，企业开始编制连续性的环境报告书。20 世纪末至 21 世纪初，出现了含技术性水平的环境报告，其内容更加广泛，既有财务信息，也有非财务信息。而且增加了第三方的审计，其可信度大大增加；目前，各国正在积极倡导的是可持续性的环境报告。[②] 有学者将西方各国企业环境信息披露（报告）的经验总结如下[③]：第一，法律和政府管理部门对环境报告的规范。第二，联合国及其他国际组织的协调。第三，会计职业界的贡献。第四，先导企业的努力。

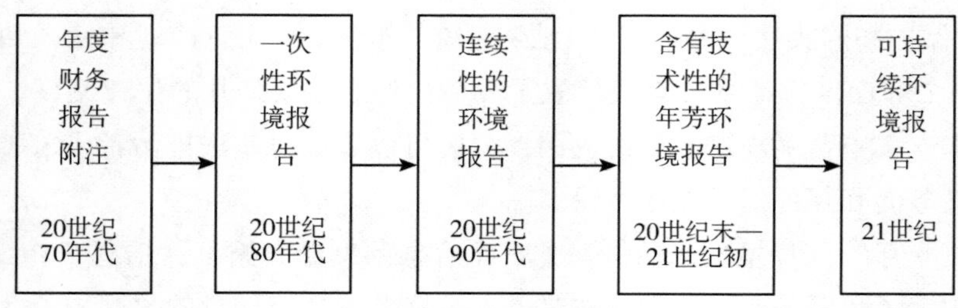

图 5-3 发达国家环境报告书发展历程

资料来源：高历红、李山梅《企业环境信息披露新趋势：独立环境报告》，《环境保护》2007 年第 4 期。

四 支持环境 NGO 发展

1. 环境 NGO 在世界各国的环境保护中均发挥着重要的作用

生态环境危机的挑战需要公民的主动参与，但是公民没有力量单个

① 余晓泓：《日本企业的环境经营》，《环境保护》2003 年第 9 期。

② 高历红、李山梅：《企业环境信息披露新趋势：独立环境报告》，《环境保护》2007 年第 4 期。

③ 高志谦、王平心：《企业环境报告：西方的经验及其对我们的启示》，《生态经济》2007 年第 4 期。

地去同政府、企业交涉，也无法影响它们的决策。普通公民要实现在解决环境问题中的公众参与，必须组成自己的组织，在社会中形成自己有影响力的力量。环境 NGO 是能够采取集体行动的民间组织和网络组织，它们是承上启下沟通社会各界的中介纽带，可以鼓励和支持当地人们在解决环境问题上实行自我设计和管理，促进外部经验和当地实践的结合。

2. 发达国家对于 NGO 的管理与支持政策

美国《国内税收法典》从组织定义、免税资格的认定、经济利益、报表与信息公开、政治性活动五个方面对于 NGO 进行规制。除了严格的监管，美国政府对 NGO 更有各色各样的支持举措：第一，尊重与合作。在出台与 NGO 有关的政策之前，美国政府通常会自觉将 NGO 吸纳到政策形成的过程之中。第二，提供财政资助。第三，持续激励公民的奉献精神。

美国 NGO 组织的发展经验主要表现在[①]：一是政府通过财税政策支持 NGO 发展；二是政府和议会通过各种手段监管 NGO；三是管理好 NGO 的盈利资金；四是促进 NGO 自律机制形成。美国环境 NGO 作为 NGO 的一种，其发展也得益于政府的开放态度和理性监管。

在英国，慈善委员会是专门对 NGO 进行管理的机构。其职能主要有两方面：一是登记；二是监管。1998 年，英国政府与 NGO 签订了《政府与志愿及社区组织关系协定》（COMPACT 协议）。COMPACT 协议是世界上唯一一个政府与 NGO 为建立合作伙伴关系而正式签订的法律文件，对推动双方的合作关系，促进 NGO 的发展起到了巨大的作用。

以上国际经验的考察留给我们的鲜明印象是，NGO 是政府提供公共服务的伙伴，是政府管理社会的助手。一个 NGO 强大的国家，往往同时也是政府自信有力、社会生动和谐的国家。[②] 发达国家 NGO 的发展经验主要表现在[③]以下几个方面。

第一，登记管理制度方面。国外的 NGO 登记制度主要包括自由成立

---

① 孟伟：《美国 NGO 组织发展的经验与借鉴》，《特区实践与理论》2009 年第 3 期。

② 冯俏彬：《政府管理与支持社会组织的国际经验及对我国的启示》，《财政研究》2013 年第 7 期。

③ 沈建国、沈佳坤：《国外非政府组织发展经验与借鉴》，《人民论坛》2015 年第 3 期。

和登记设立两种模式。国外 NGO 的登记审查门槛较低，登记注册程序较为简便。

第二，资金来源途径方面。NGO 的资金主要是来自政府补助与服务经营收入，大多数国家的 NGO 的资金来源都属于政府补助。

第三，税收优惠制度方面。对于 NGO，各国都制定了税收优惠政策，以鼓励其发展。

第四，监管体制方面。发达国家的 NGO 管理是“轻登记、重监管”。目前对于 NGO 的监管主要有一元和多元两种监管模式。

五　支持公众参与环境决策

公众要保护自己的环境生存权，关键是能够参与地方政府环境与发展的决策过程。近 20 年来，西方国家环境决策中的公众参与发生了较为深刻而广泛的变革。[①] 加拿大在环境可持续发展的公众参与和咨询方面做了很多工作，积累了不少经验。主要表现在[②]：第一，确立了公众参与的目的和原则。第二，规范了公众参与的程序。公众参与的基本程序如下：(1) 通知、告知公众信息。(2) 通知召开一对一的见面会，面对面地就某些细节问题进行协商讨论。(3) 发布新闻或在报纸上通知。(4) 召开公众听证会。第三，确保公众参与和咨询的有效。要让公众参与取得成效，有几个方面需要注意：一是尽早展开、启动公众咨询；二是要有很好的沟通技巧，首先是与个人沟通，其次是与媒体沟通；三是举办公展会 (open house)；四是给关注项目的人们提供直接见面交流的机会；五是与项目设计师或规划师有直接的沟通；六是公众参与必须是开放式的，并能采纳人们的意见。西方环境决策创新机制的共同点有[③]：(1) 注重公众参与者的代表性；(2) 公众参与介入决策的早期阶段；(3) 非专业公众与技术专家并重；(4) 公众参与过程的商议性 (deliberation)。

---

① 任丙强：《西方环境决策中的公众参与：机制、特点及其评价》，《行政论坛》2011 年第 1 期。

② 林梅：《环境可持续发展中的公众参与——以加拿大为例》，《马克思主义与现实》2010 年第 1 期。

③ 任丙强：《西方环境决策中的公众参与：机制、特点及其评价》，《行政论坛》2011 年第 1 期。

第四节　地方政府与企业伙伴关系构建

一　西方国家企业环境友好运营的演进过程①

国内学者以历史的视角将西方国家企业环境友好运营的演进过程分为四个阶段②：环境忽略、环境被动、环境适应、环境友好。

1. 环境忽略阶段（20世纪六七十年代）

20世纪六七十年代，资本主义经济高速发展的同时，人类生存环境受到严重的污染。这一时期由于现代环保主义思想才初露端倪，主流公众尤其是消费者漠视环境问题，认为关注环境问题与自己日常生活无关紧要。此时，一些国家政府对环境保护的态度模棱两可，制定的环保法规大多属于指导性规定，缺乏对违规企业实施巨额罚款等严厉的惩处措施，不能有效约束企业遵守环保法规。因此自然环境保护的问题很少被企业运营战略和规划决策所考虑。

2. 环境被动阶段（20世纪70—80年代中期）

20世纪70年代爆炸性杰作的报告——《增长的极限》首次严肃地在全球框架下提出了环境的重要性以及资源与人口之间的基本联系。随着西方环保主义者的宣传和教育，一方面在全球范围内逐渐掀起了环境保护运动的热潮，公众和消费者的环保意识觉醒；另一方面，世界组织和各国政府意识到环境保护的重要性，建立了许多强有力的环保机构，建立和健全了环境保护法律法规。这一时期，为了威慑企业遵守环境法规，美国政府和执法部门对环境违法企业加大处罚力度，实施严厉的法律制裁。许多企业在政府环境法制约束增强和环境处罚的威慑下，被迫将对自然环境的影响融入企业的经营决策中去，即被动性考虑自然环境以迎合政府环保法规要求。

---

① 秦立春、谢宜章：《两型社会建设中企业环境友好行为的引导路径》，《江西社会科学》2014年第6期。

② 赵宝菊：《论“环境友好型企业”的历史演进》，《科学学与科学技术管理》2007年第12期。

3. 环境适应阶段（20 世纪 80 年代中期—90 年代初）

污染作为企业负的外部性，需要政府进行规制来纠正外部性。20 世纪 70 年代以来政府主要采取命令—控制手段进行环境规制，发达国家所面临的环境压力得到了逐步缓解。由于信息不对称的存在，政府对企业的环境规制面临隐藏行动或隐藏信息的道德风险或逆向选择问题。为了应对政府的环境规制，多数企业采取的是一种消极或不合作的被动战略，甚至和政府环保部门玩“猫捉老鼠”的游戏，政府环保部门疲于奔命，这导致了政府的环境规制成本较大，规制效果并不理想。20 世纪 80 年代中期，为了积极调动企业污染治理的主动性，改变政府与企业的不合作关系。“市场化环保主义”新理念由环保主义者提出，在市场化环保主义的倡导下，20 世纪 80 年代末以来，以污染税（费）、可交易许可证、执行鼓励金、生产者责任制、环境补贴、押金—返还制度等为代表的市场激励工具进入西方许多国家的环境政策的主流之中。这些市场激励工具使企业从污染治理中获取收益，从而满足企业的逐利动机。推行市场激励工具的环境政策使企业从环境规制中获得利益，企业界开始主动吸收环保主义的思想，部分企业开始采取主动策略，以应对环境问题，少数公司甚至将环境问题视为创造新的战略竞争优势的机会。

4. 环境友好阶段（20 世纪 90 年代至今）

进入 20 世纪 90 年代以后，政府进一步扩大了环保监管范围，建立健全、科学、完善的环保法律体系，同时加强了宏观间接调控的力度。此时，公众的环保意识大大增强，许多公众都把环境保护融入自己的消费行为模式中，绿色消费者数量迅速上升。趋于严格的环保法规和消费者的绿色消费需求，使企业越来越能够预期未来的环境规制的走向，于是通过先发制人的方式——采取环境友好的行为并进行环境技术创新来安抚环保主义者和阻止政府的规制，而不是消极地等待。

20 世纪 90 年代，福布斯 500 强中有 80%以上的公司为了突出企业的伦理和责任意识，制定或修改了其公司信条、行为模式或价值观。进入 21 世纪，全世界超过 2000 家公司发布了企业环境报告。近年来部分发达国家企业自愿实施生态国标和自愿进行 ISO 14001 认证等超越环境规制的行为。可见，在环保主义者、政府和消费者的共同引导、推进下，西方部分企业开始采用一种全新的运作战略——环境友好运营方式，即企业的环境管理战略从被动性环境管理演变成主动性环境管理。

二　西方国家政府与企业伙伴关系的发展

由西方国家企业环境友好运营的演进过程可以看出，在环境忽略阶段，自然环境保护的问题很少被企业运营战略和规划决策所考虑；在环境被动阶段，许多企业在政府环境法制约束增强和环境处罚的威慑下，被迫将自然环境的影响融入企业的经营决策中去，即被动性考虑自然环境以迎合政府环保法规要求；在环境适应阶段，企业界开始主动吸收环保主义的思想，部分企业开始采取主动策略，以应对环境问题，少数公司甚至将环境问题视为创造新的战略竞争优势的机会；在环境友好阶段，企业的环境管理战略从被动性环境管理演变成主动性环境管理，企业通过先发制人的方式——采取环境友好的行为并进行环境技术创新来安抚环保主义者和阻止政府的规制，而不是消极地等待。可见，西方企业对于环境管理经历了一个从冷漠、被动到主动、自觉的过程，西方政府与企业之间的关系由管制走向伙伴。例如，美国从 20 世纪 90 年代，开始推行一系列的自愿性伙伴合作计划，环境管理模式也从强制性转变为鼓励性模式。①

第五节　城市农村环境保护的协同发展

一　发达国家城乡一体化协同发展

城乡一体化的思想产生于 20 世纪中期，城乡一体化是一个国家或地区社会进步的集中表现。从世界城市化进程的视角看欧美发达国家城乡关系，在工业化发展初期，重点是发展工业，农业为工业的发展作出牺牲和贡献。在工业化和城镇化达到一定程度后，为了使农业、农村得到进一步发展，一般采取工业与农业、城市与农村的一体化协同发展。目前，美国、日本、法国和巴西等国家已步入城乡一体化的高级阶段。

美国是工业发展比较早的国家，也是在解决二元经济结构及城乡一体

---

① 朱德米：《地方政府与企业环境治理合作关系的形成：以太湖流域水污染防治为例》，《上海行政学院学报》2010 年第 1 期。

化问题上比较成功的国家。第二次世界大战后，为缩小城乡差距，美国政府实施对农业和农村的政策支持。战后初期，美国实施了农场政策和农场家计政策。20 世纪 50 年代提出“农村发展计划”，20 世纪 60 年代提出“反贫困战争”。20 世纪 80 年代调整农村经济结构，并开始与农场支持立法融合。农村发展立法促进了美国的城乡一体化进程。另外，美国交通运输的发展极大地促进了城乡一体化进程。

法国的巴黎大区被视为全球城乡一体化的典范之一。法国是欧洲第一农业大国，在巴黎大区的城乡统筹发展过程中，政府在土地政策、产业政策等方面均对农业和农业用地进行了保护。同时在巴黎大区设立国家级自然保护区和乡村自然保护区。这些自然保护区的建设，为实现城乡一体化发展作出了积极的贡献。除此之外，在巴黎大区规划中提出建立卫星城市的理念，将巴黎近郊和其他乡村地区纳入巴黎市的外围建设城市“副中心”，拓展城市的交通设施和产业延伸。

当前德国的城市化水平高达 90%左右，形成了一种城乡统筹、分布合理、均衡发展的独特模式。德国城乡一体化的经验就是开展城乡“等值化”建设，即让农民在工作条件、就业机会、收入水平、社会待遇、居住环境等生活质量方面与城市形态不同但等值。

日本在统筹城乡发展的过程中，通过高质量的教育、城乡一致的社会保障体系、农业基础设施的政府投资、实力雄厚的农业科研体系、农业协会的重要作用为统筹城乡发展奠定良好的前提条件。另外，通过土地规模经营及农业产业结构的改善，通过农民收入多元化和政府补贴，促进了日本的城乡一体化建设。

纵观国外城乡一体的发展历程，其成功经验在于：一是把城乡作为一个有机整体，统筹城乡发展规划。二是加快土地流转，推进农业产业结构调整，统筹城乡产业发展。三是大力加强农村基础设施建设，推进城乡公共服务一体化。

二 发达国家城乡环保协同发展的做法和经验

1. 将农村环境保护作为投资重点领域之一，推动城乡均衡发展

欧美发达国家农村环保工作起步较早，早在 20 世纪 60 年代，农村环境保护就引起了欧美发达国家的重视。不仅建立健全农村环境保护机构，而

且建立了以政府为主导的农村环保投入机制，设立农村环境保护专项资金。日本、韩国经历了工业化和城市化高峰期所带来的城乡不均衡发展问题，但在国家发展转型期将农村环境保护作为投资重点领域之一，推进工业反哺农业战略，使农村环境获得明显改善和提高，从而推动城乡均衡发展。

2. 制定门类齐全、操作性强的农村环保法规

美国自从早期移民开垦土地，造成农业生态环境破坏以后，就着手立法，加强对农业生态环境的保护工作。1933 年的《农业调整法》规定了土地休耕、限额销售、信贷和价格支持、农产品贮备等制度。为了控制农药的生产、流通和使用，1947 年的《联邦农药法》对农药杀虫剂的各种数据有严格的要求。为了保护土壤，1956 年的《美国农业法》规定了“土壤银行计划”。为了控制化学品的生产、流通和使用，1976 年的《有毒物质控制法》对有毒化学品进行管理。为了保证农产品的食品安全、减少农业活动带来的污染，1985 年的《食品安全法案》规定了“水土保持计划”和“保护承诺计划”。为了开展有机农业，1990 年的《有机食品产品法案》对国家有机食品的认证程序、有机食品的国家标准和有机食品的生产程序等作了规定。为了进一步扩大对农业生态环境保护计划的补贴，1996 年和 2002 年美国又相继出台了《1996 年农业法》和《2002 年农场安全与农村投资法案》。

第二次世界大战后德国农业发展过程中大量生产和施用化肥、农药，虽然实现了农业发展和农作物的稳产、高产，但对水资源和生态环境造成了严重破坏。资源存量不足与生态环境污染严重的现实促进了德国生态农业的发展。德国政府制定一系列法律法规、规章和制度措施，为生态农业的实施提供保障。德国一般农产品种植必须遵循的法律法规有：《物种保护法》《肥料使用法》《土地资源保护法》《自然资源保护法》《种子法》《垃圾处理法》《植物保护法》《水资源管理条例》。对于生态农业，除上述法规外，德国于 1999 年 3 月 1 日开始实施《土壤保护法》；1998 年，德国政府制定了《动物保护纲要》；2001 年 12 月 15 日德国的《生态标识法》正式生效；2002 年德国政府制定了《有机农业法》；为贯彻《欧共体生态农业条例》，德国政府于 2003 年 4 月实施了《生态农业法》。为保证生态农业的健康发展，德国政府规定，生态农场必须达到严格的条件。此外，德国对于违反法律规定都有相应的惩罚措施。

20世纪50年代以来，随着工业革命和技术创新的不断发展，日本农业技术革新有了显著的进展，农药、化肥、除草剂、植物生长调节剂等农业化学品开始广泛应用。但过度依赖化肥、农药带来了环境污染和农产品安全等一系列问题。20世纪70年代，日本制定了《废弃物处理与消除法》等7部法律，使养殖业污染得到明显控制。20世纪90年代，日本通过《环境保全型农业推进基本方案》《食物、农业、农村基本法》《有机农业促进法》《家畜排泄物法》《持续农业法》《肥料管理法》等法规推进环境保全型农业的发展。

3. 制定环境经济政策，引导农民采用环境友好生产方式

为了控制农村环境污染，引导农民采用环境友好生产方式，发达国家普遍采取以税收、补贴为主的经济激励政策。如日本通过农业专用资金、无息贷款激励农户开展“有机农业生产”“化肥、农药减量栽培”“废弃物再生利用”。欧盟通过政府补贴，激励农民改善农业环境。丹麦对农药、畜禽粪便实行征税政策。

4. 建立农村污染治理技术从研发到推广服务的全程体系

美国实行农业研究、教育、推广三位一体的体制，美国的农业科研经费历来充足并逐年加大。美国联邦环保局对农药施用者进行严格培训，并发放使用许可证。德国、日本都有着发达的农业科研和推广体系，德国加强对农民尤其是年轻人的教育、培训和补贴，德国多层次、多元化纵横交错的农业社会化服务体系提供科研、生产、试验、推广等服务。日本拥有十分雄厚的农业科研体系，包括国立科研机构、大学和企业三部分。日本的《农业改良促成法》对农业技术推广活动作出了明确规定。

第六节　环境技术创新政策体系的激励

技术是一把双刃剑，它在经济发展过程中发挥重要作用，若使用不当会危害环境，但技术进步又可解决环境问题。发达国家在环境技术创新政策体系方面的激励经验值得借鉴。

一　建立适当严格的环境法律法规和技术管理体系

1. 适当严格的环境法律法规激发企业进行环境技术创新

企业进行的技术创新行为是追逐利润最大化所驱动的，在没有环境政

策规制情形下，生产者几乎不会考虑自身环境绩效问题。适当严格的环境规制存在激发企业进行环境技术创新的可能性。目前，在国际市场上大约有 1/5 的环保产品产自德国。致使德国环境技术高水平发展的一个重要原因，是德国制定了几百部与环境相关的环保法律法规。

2. 建立环境技术管理体系来规范环境技术管理、激励环境技术创新

发达国家通过建立环境技术管理体系来规范环境技术管理、激励环境技术创新。环境技术管理体系主要由环境技术政策体系、环境技术评估体系和环境技术示范推广体系构成。

美国的环境技术政策是环境法规的一部分，目前只限于水污染防治。目前，欧盟倾向于综合污染预防与控制的灵活政策。20 世纪 90 年代中期在美国和加拿大出现了环境技术验证制度（Environmental Technology Verification，ETV）。美国环境技术评估认证阶段由 3 个步骤完成：制定认证计划—认证评估—监督、评价，认证评估工作由独立的第三方执行。加拿大 ETV 通过第三方验证环境技术所提供独立、高质量的测试结果以增加环境技术性能的可靠性，并为利益相关团体的技术选择和风险管理提供决策支持。美国在环境技术创新研究和推广释放方面的经验是形成了产学研联合体、创立了环境技术评估制度。欧盟环境技术创新研究和推广的经验是建立了技术平台和测试网络。

二　培训环境技术人员和提高全民环境意识

1. 注重环境技术人员的培训

日本非常注重环境技术人员的培训，专门成立了污染防治研修所，培养了一支防治环境污染的技术骨干队伍。同时，建立了环保志愿人员制度，广泛招聘环保志愿者，组成专业环保队伍。近年来，美国充分利用信息与通信技术支持环境技术的创新与发展，设置环境发展专业，由大学教授定期到企业为企业员工做环境技术创新专业培训。[①]

2. 环境技术创新政策注重向提高全民环境意识的方向转化

改变公众消费观念是推进环境技术创新的首要环节，因为社会公众的绿色环保消费可引导企业生产走向环境友好。为了引导公众建立绿色消费

---

① 王丽萍：《发达国家环境技术创新的政策体系评析》，《现代经济探讨》2013 年第 4 期。

理念，在生活中积极消费绿色产品，政府出台了一系列政策，激励、引导公众绿色消费。20 世纪 80 年代，英国首先掀起了“绿色消费者运动”。同时为教育公众把切身利益的保护与环境技术创新意识结合起来，政府利用各种媒体对环保法规、环境技术、生态知识等进行宣传。

三 单一环境技术创新政策向注重经济手段运用转化

在西方发达国家，环境技术创新经济手段已经成为环境技术创新政策的重要组成部分。虽然各国的环境技术创新政策手段选择不一，但都是由单一政策工具向与经济激励型政策相结合的方式转变。① 财政补贴、免税是日本政府常用的鼓励企业实施环境技术创新的政策之一。研发补贴和税收优惠是美国环境技术创新激励政策的工具。德国政府也对绿色技术产品减免税收、实施产品补贴。

① 王丽萍：《发达国家环境技术创新的政策体系评析》，《现代经济探讨》2013 年第 4 期。

第六章　地方政府环境治理能力提升的国内实践与经验借鉴

为了提升地方政府环境治理能力，有效履行地方政府的环境管理职能，近年来中国地方政府不同程度地进行了环境管理的参与式治理创新，并取得了一定成效。案例研究有利于详细阐述、丰富资料。[①]而且，案例研究不仅能为所研究的过程提供一些实例，还“具有一种运用集中于某一个时点的静态观察方法所探索不到的动态特性”[②]。缘此，选取湖南湘江的跨界流域治理、湖南攸县的城乡环境同治、浙江遂昌的生态农业发展、浙江嘉兴的环境公众参与以及无锡、深圳、沈阳探索具有地方特色的环境监管模式作为实例，对其环境管理创新与实践加以深入描述，提炼可资借鉴的经验。

第一节　参与式治理视角下中国地方政府环境管理创新实践[③]

20 世纪 90 年代以来，“参与式治理”的兴起和发展为公共管理提供了一个全新的理念。随着公民社会能力、网络化和沟通结构的扩展，参与式治理将成为我国地方政府环境管理创新的方向和路径。

---

① ［美］罗伯特·阿格拉诺夫、迈克尔·麦奎尔：《协作性公共管理：地方政府新战略》，李玲玲、鄞益奋译，北京大学出版社 2007 年版，第 9 页。

② ［美］约翰·W. 金登：《议程、备选方案与公共政策》（第二版），丁煌、方兴译，中国人民大学出版社 2004 年版，第 302 页。

③ 肖建华：《参与式治理视角下地方政府环境管理创新》，《中国行政管理》2012 年第 5 期。

一　参与式治理：地方政府环境管理创新的路径选择

1. 参与式治理推动地方政府环境与发展的综合决策。参与式治理是一个利害相关者参与的“决策过程”。[①] 参与式治理也被称为“赋权参与式治理”，即政府应该进一步赋权给那些与政策具有利害关系的民间组织和个人参与公共政策的决策过程。我国现阶段，地方政府虽然认识到了不能走西方式的“先污染、后治理”的工业化发展之路，但是以经济建设为中心的指导思想使环境保护和经济建设在理论上的统一却在实践中发生了分离，为了发展经济而牺牲环境发展的现象甚为普遍。公众要保护自己的环境生存权，关键是能够参与地方政府环境与发展的决策过程。如果让公众直接对影响自身生存和安全的环境问题行使决策权，有助于实现公众对地方政府的监督，推动地方政府环境保护与经济发展的综合决策。

2. 参与式治理推动地方政府环境公共产品的多中心合作供给。参与式治理与其他治理模式最大的区别就在于更加强调“参与”的价值和意义。参与式治理要求发展政府、社会组织、私营企业以及公民各主体间的多元参与、协商和合作。迄今为止，中国在环境意识的普及、环境保护投资、环保产品的提供等一些市场和社会能够做得更好的领域，政府也处于垄断地位。资源环境保护与治理需要大量的资金支持，仅以政府财政投入远远不够。当前全国很多地区的环境公共物品和服务的提供严重不足。事实上，理论和实践已证明：政府与市场对生态环境问题解决的失败，产生了多中心环境治理的制度需求。因此，让广泛而有效的多元主体共同参与环境公共产品的供给，才能引领我国地方政府环保治理走出困境。

3. 参与式治理推动地方政府环境治理的协商与合作。参与式治理主张政府与公民建立良性互动的协商与合作关系。[②] 按照加拿大著名政治学教授戴维·卡梅伦的观点，现代生活的性质已经使政府间的沟通、协调变得越来越重要。当前越来越多的环境公共问题的外溢化和无界化愈加突

---

① International Institute of Labor Studies Workshop, *Participatory Governance: A New Regulatory Framework*? 9-10 December, 2005, IILS, Geneva.

② Eran Vigoda, “From Responsiveness to Collaboration Governance: Citizens, and the Next Generation of Public Administration”, *Public Administration Review*, Vol. 62, No. 5, Sep. - Oct. 2002, pp. 527-540.

出，为了应对和治理环境这一区域公共问题，需要地方政府之间跨区域的合作。另外生态环境系统是一个有机联系的整体，但目前中国环境保护的权力被各部门分割，大量与环保有关的职能分散在环保主管部门之外的十余个部委，这必然增加环保主管部门与相关产业部门、行政部门的权力冲突，造成体制上的混乱，这需要环保主管部门与相关部门、行政部门之间的协调与合作。可见，参与式治理理论倡导的协商与合作将促使跨行政区地方政府间、环保主管部门与相关部门间形成广泛的合作与伙伴关系。

二　参与式治理视角下地方政府环境管理创新的实践探索

为了提升地方政府环境治理能力，有效履行地方政府的环境管理职能，近年来中国地方政府不同程度地进行了环境管理的参与式治理创新，并取得了一定成效。

1. 公众参与推动地方政府环境与发展的综合决策

公众要保护自己的环境生存权，关键是能够参与政府和企业的决策过程。社区环境圆桌会议为公众参与政府和企业的决策过程的一种尝试。社区环境圆桌会议是指社区内的相关利益团体，如社区居民、政府、企业代表和新闻媒体、社团、环保 NGO 及环境专家等一起，为解决社区环境问题而进行平等对话和协商。2006 年 3 月，世界银行和国家环保总局启动社区环境圆桌会议在江苏的试点。除江苏外，河北、浙江、辽宁、重庆等十几个省市的社区和乡镇也开展了试点，内容涉及污染、绿化、水安全等多个环保话题。实践表明，社区环境圆桌会议的实施，使社区环境问题的利益相关方通过对话和协商，沟通了信息，缓解了矛盾，推动了地方政府、企业在决策中综合考虑经济发展和环境保护问题。

面对生态环境危机的挑战，需要公民的主动参与，但是公民没有力量单个地去同政府、企业交涉，也无法影响他们的决策。普通公民要实现在解决环境问题中的公众参与，必须组成自己的组织——环保非政府组织。近几年，我国环保非政府组织一直紧密关注着环境问题和环境治理，环保非政府组织从和风细雨的环境宣传教育者变为公众或者弱势群体利益的“监护人”，发出了独立的声音，并在社会体制改革向纵深发展，民主法制建设加快完善的大环境下，开始作为环境政策的倡导者和推动者。在环保非政府组织的推动下，环保领域的公众参与开始逐步进入环境立法、环境决策、环境执法等领域，从而推动了地方政府环境与发展的综合决策。

2. 环境公共产品供给民营化的探索

我国城市化的进程已经进入快速发展时期，城市数量与规模迅速增加与扩张，带来了严重的城市生活污水污染和“垃圾围城”问题。2007 年以来，湖南、广东和海南等地相继进行了打包招募运营商的成功尝试。2007 年 12 月，首创股份公司与湖南省人民政府签署《战略合作协议》。结合省政府的污水处理设施建设“三年行动计划”，首创以 BOT、TOT 等市场化模式，加大在湖南这一省级区域内的集中投资步伐和投资力度，在 3 年内协助省政府投资建设运营了 10 座污水处理厂。2008 年，广东省东西北地区 77 个污水处理厂项目由广业环保产业集团牵头筹集 80 亿元建设。2009 年，桑德环保与北控水务两家公司中标海南省的 16 家污水处理厂项目。

城市化进程中，垃圾处理一直是一个世界性难题。目前对垃圾处理只有三种方式——填埋、焚烧和堆肥。总体而言，在处理得比较好的国家，经过垃圾的前期减量化处理后，填埋和焚烧的比例都非常低。在以垃圾减量化和资源化为指导理念的国家里，都有着相当规模的垃圾资源产业体系——废弃物减量行业、废弃物分类回收行业和废弃物再加工、再利用行业，由政府与民营企业多头经营、充分竞争。由此看来，尽管政府在垃圾处理的问题上占有绝对的主导地位，但仍需多部门及公众的积极配合，包括环保、环卫部门以及社区、居民等。近年来，上海环卫努力推进环卫市场化进程，全面实施以垃圾处理市场化、专业化、产业化为战略重点的环卫运行机制与管理模式改革，2004 年 6 月，上海市政府批准了《上海市市容环境卫生行业市场化改革方案》，成立了上海环境集团有限公司，试图理顺政府与社会、企业、市场的关系，但环卫市场化程度仍落后于上海城市的发展。

3. 流域环境污染和水事纠纷的协商合作治理探索

多年以来跨界的环境污染得不到有效的解决，已经成为中国环境治理上一个反复发作的顽症。为了解决跨界水污染事件，一是尝试在行政区划之外成立区域性的环保机构，统一环境管理权；二是现行行政区划之间合作协同治理污染和开发水资源。国内区域性环境行政管理机构改革已经进行了有益的尝试，国家层面有《水法》所确立的流域管理模式；地方层面，浙江、吉林等省则根据《生态功能保护区评审管理办法》《生态功能区划暂行规程》等规定对省际生态区域划分以及生态经济建设示范区机构设置进行了尝试。

除了设置区域性环境行政管理机构之外，地方政府开始寻求环境治理和水资源的协商合作，并形成一定机制。安徽和浙江两省 2012 年在新安江流域实施全国首个跨省流域生态补偿机制试点，2018 年已取得较好效果。2016 年 12 月，长江中游的江西、湖南、湖北三省签署协议，建立省际协商合作机制。2017 年 6 月，重庆、四川、云南、贵州四省市审议通过《长江上游地区省际协商合作机制实施细则》。2018 年 2 月，云南、贵州、四川三省正式签署赤水河流域横向生态补偿协议。

第二节　湘江：新政绘出“东方莱茵河”

湘江的保护与治理，一直是困扰湖南全省发展的一件难事，湘江环境问题也一直是国内外媒体和环保人士关注的焦点。早在 2009 年，湘江就曾被《南方都市报》等媒体称为“最沉重的河流”，湘江治理亦被喻为是“最尴尬的治理”。[①]。2007 年年底，国家发展改革委批准长株潭城市群成为全国综合配套改革试验区，主要在资源节约型、环境友好型社会建设方面进行改革试验。获批全国“两型”社会建设改革试验区后，湖南将湘江流域治理作为“两型”社会建设的突破口，将湘江治理列入“省政府 1 号重点工程”，立志治理好湘江流域的重金属污染，将其打造成“东方的莱茵河”。同时把长株潭城市群“绿心”建设成东方的“维也纳森林”。湘江流域环境治理是中国地方政府环境治理的典型图景，湘江流域环境治理新政及其成效，能对我国地方政府环境治理能力的提升提供启迪和借鉴意义。

大连、上海、中山被认为是中国的环保领先者，为其他地区设立了榜样。这些城市能成为中国的环保领先者，首先在于这些城市的领导者都是坚定的环保支持者，他们的环保意识比其他城市的领导者前卫，在当地经

① 孟登科：《治湘江：最沉重的河流，最尴尬的治理》，http：//www. h2o-china. com/news/84054. html。

济发展过程中坚持经济发展与环境保护的兼顾，重视地方环保部门的工作。资源节约型、环境友好型社会建设中为治理湘江进行了系列改革，媒体将其称为湘江治理新政。自湘江治理新政开展以来取得了显著成效。湘江治理新政能取得成效首先应归功于地方政府领导的重视。除此之外，还有以下的成功做法与经验。

一　做好湘江治理的“顶层设计”

为治理好湘江流域的污染，湖南省委、省政府广纳民智，对湘江流域的污染治理从规划入手，进行“顶层设计”。《湖南省湘江保护条例》《湘江流域水污染防治三年行动计划》《湘江流域重金属污染治理实施方案》先后制定，这些行动计划和实施方案不是仅仅单方面关注湘江重金属污染治理，而是从湘江流域经济、文化、社会发展方面综合统筹考虑治理湘江重金属污染，从而做好湘江治理的“顶层设计”。

二　污染治理与产业转型创新并举

湘江干支流两岸大中型工矿企业达到1600多家，湖南郴州三十六湾、湘潭竹埠港、衡阳水口山、株洲清水塘等重点工业区域是湘江流域重金属污染的重灾区。欲从根本上治理湘江流域的重金属污染，从源头上控制整个流域的污染物排放量，必须调整湘江流域产业结构，使湘江干支流两岸企业的排污量保持在湘江水环境承载力的范围内。为此，湖南省委、省政府确定湘江流域重金属污染治理的基本原则是控源头、还旧账、保民生。为治理湘江流域的重金属污染，湘江干支流两岸大中型重金属污染企业应该搬迁、进行产业转型和升级。一些重金属污染严重的企业必须搬迁，其他企业必须进行产业转型和创新发展。例如，湘潭是一个老工业基地，节能减排任务重。一些重型工业既不能推倒重来，又不能适可而止，必须不断地发展下去。对于这种情况，唯一的出路就是创新发展。湘江治理新政实施的几年中，大批重金属污染严重的企业被强制搬迁，沿岸的企业产业结构不断优化，企业转型和创新发展亮点纷呈，一大批低碳能源、低碳交通、低碳产业及新兴产业先行先试，新型工业化、农业现代化、数字化、法治化的“四化”和资源节约型、环境友好型的“两型”成为湖南的名片。

三　创新湘江治理的体制和机制

在行政区划大格局依旧的情况下，跨界管理体制、机制的重建与创新是流域生态治理的核心与关键。湘江流域重金属污染治理同样离不开体制和机制的创新。湘江治理新政取得成效的又一重要经验在于一系列的体制和机制的创新。

一是积极探索湘江流域的同防同治。湘江流域重金属污染治理涉及沿岸的八个地级市，以前由于各个地级市各自为政、无序竞争，湘江流域污染治理体制存在互不协调的问题。为打破行政区划界限，建立健全湘江流域跨界生态协调机制，成立了湘江流域管理委员会。湘江流域管理委员会由湖南省主要领导负责，八个地级市的市长是湘江流域管理委员会的成员。湘江流域管理委员会的主要任务是建立联席会议制度，形成完善的沟通协调机制，八个地级市的市长签订环保责任状，实行“一票否决”。

二是积极推进市场型环境政策工具的改革和试点。湘江治理新政中采取了一系列市场手段，为激励沿岸八市减少排污，在长沙等地探索建立排污权交易市场。创新保险险种，要求 18 家环境污染风险较大的企业购买环境污染责任保险。长株潭城市群还在资源产权市场、环境税费改革、生态补偿等环境经济政策改革方面获得全国率先试点权。

三是加大地方环保部门的执法权力。2009 年，湖南省环保局顺利升格为厅，成为省政府的组成部门。环保部门“手中的权力大了”，治理力度也加强了。随着国家和省财政对环保项目补贴和投入的增加，环保项目批复也成为省环保厅的，同时对一些长期偷排漏排企业开出大额罚单。

第三节　攸县：城乡环境同治的典型个案

一　攸县：二元结构背景下城乡环境同治的典型个案

攸县是湘东南、赣西北的物流集散地、全国重点产煤县，综合经济实力跻身湖南省十强。

近年来，围绕“资源节约、环境友好”“两型”社会建设，攸县转变发展方式，将“统筹城乡发展”作为建设“两型”社会、改变城乡二元结构，解决“三农”问题的根本出路。以创新的举措，全力推动城乡环境同治。通过开展城乡同治，攸县的环境美了，生活幸福了，群众的满意度提高了。

攸县城乡环境同治的经验和做法得到了国家的充分肯定。2011 年 9 月 26 日，湖南省人大调研组调研报告——《攸县城乡同治、创新管理的经验和做法值得推广》在《省委通报》专题刊发，相关领导做了重要批示：“攸县的实践充分表明：开展城乡环境同治走出了一条促进城乡统筹，加强和创新基层社会管理，推进‘四化两型’建设的新路，值得在全省推广。”同时，国务院领导人也作出重要批示，要把农村环境整治作为环保工作的重点，摆在突出的位置。攸县城乡同治的经验值得重视。

二 攸县城乡环境同治的做法和经验

攸县城乡环境同治的经验和做法非常值得借鉴。笔者和课题组成员于 2012 年 11 月 12—25 日前往攸县环保局、农业局调研，并在攸县的城关镇、鸾山镇、酒埠江镇、网岭镇、坪阳庙乡、樌山乡等几个乡镇进行实地调查。调查中发现，攸县城乡环境同治的做法和经验主要表现在以下几个方面。

1. 坚持宣教开路，动员全员参与

城乡环境卫生整洁，必须持续密集的宣传教化，引导各级干部群众自觉参与、积极投入。近些年来，攸县有针对性地提出了“城镇客厅理论”“农村公园理论”，深化和统一了城乡环境卫生整治的认识。为动员全员参与，攸县先后开展了 1200 余场“新观念面对面”宣讲活动。

2. 实施城乡协同规划，改善农村基础条件

为了打破原有城乡分割的规划模式，攸县以统筹城乡资源、优化发展空间、实现城乡一体化为目标，建立了覆盖城乡的新规划体系。为了做到科学规划，该县投入 2000 多万元资金，聘请中国城市规划设计院等顶级设计机构，编制了新一轮高水平县城规划。投入 1000 多万元编制了《攸县城镇体系建设规划》《土地利用总体规划》《城乡产业发展规划》10 余个专业规划，并做到相互衔接、互相促进，为城乡一体化建设奠定了良好的基础。同时，修订和完善市政设施、园林绿化、垃圾处理、给排水等专项规划，强化基础设施配套建设。按照“以点带面、整体推进、分步实施”的思路，完成了 20 个乡镇区和 180 个中心村的总体规划并启动村民服务中心（村部）规划建设。

3. 探索“四分模式”，治理农村垃圾难题

垃圾分类是做好垃圾处理的基础和重要环节。攸县环境治理得好，离不开一个独特的模式，即“四分模式”。它让攸县实现了农村环境卫生治理由点到面、由突击向常态的转变。[①]“四分模式”即分区包干、分散处理、分级投入、分期考核。

“分区包干”是将村级环境卫生区划分为聘用专人保洁的村级公共区和由农户落实“三包”责任的农户责任区。“分散处理”是指每家农户原则上配备一个垃圾池，按照可回收垃圾、不可回收垃圾分户分类收集，并通过“回收、堆肥、焚烧、填埋”等方法分类减量、化整为零。“分级投入”是指攸县财政每年预算洁净行动专项工作经费1000万元，其中500万元用于支持镇区创建，500万元按每个村平均1万元的标准补贴到村，用于洁净行动。“分期考核”主要是指实行月抽查、季考核，具体考核方式为县考核乡镇镇区、乡镇考核村、村考核组。每季度考核排名前3名的乡镇，在享受县财政资金扶助的基础上，奖励3万—7万元。而排名后3名的乡镇，取消县财政资金扶助，同时处罚3万—7万元。

4. 加强沼气池建设和建立有机肥厂，防治农村畜禽养殖污染

攸县是传统的粮猪大县，年养殖生猪200余万头。随着规模化畜禽养殖场发展，产生了大量畜禽排泄物和各种废弃物。为了防治农村畜禽养殖污染，攸县一方面加强沼气池或三级沉淀池的建设，有效控制了畜禽养殖污染。另一方面，攸县建立有机肥厂。攸县志锟生态有机肥有限公司自主研发“圆柱多棱多层发酵塔”“生猪养殖场废弃物零污染处理”等技术，将生猪养殖场粪便通过生物能处理形成高效、无害、提升土壤肥力的精制有机肥，年处理畜禽粪便4万立方米，具有年产两万吨有机肥的能力。

5. 实行市场化运作，推行精细化管理，建立环境整治的长效机制

为了更好地进行农村环境整治，攸县对乡镇土地经营净收入实行全额返还机制，将镇区土地经营全面推向市场。返还的资金主要用于乡镇开展环境综合整治和基础设施建设。环境整治三分建、七分管，管护跟不上，整治成果必将付诸东流。为此，攸县在城乡环境整治工作中坚持建管并重，

---

① 赵娜文：《攸县城乡同治扮靓新农村》，https：//www. cenews. com. cn/news/zrst/201112/t20111209_ 710230. html。

并推行精细化管理机制。制定出台了《城市精细管理办法》《市场精细化管理及考核细则》《社区精细考核细则》《门前三包责任制》等城乡环境卫生精细化管理办法，全面开展“村规民约”修订活动，将环境保护作为重要内容纳入村民自治范畴；定期对环境综合整治实行百分量化考核，开展月度评比；实施镇区垃圾收集“定点投放，定时清运”，确保垃圾应收尽收。通过以上举措，将原来的集中整治固化为常态化的工作机制。

6. 形成一园多区产业格局，力促城乡产业协同发展

统筹城乡发展，产业是支撑。为真正实现城乡产业“水乳交融”，该县以攸州工业园区、酒埠江风景区、106 国道百里经济长廊为重点，极力实行“两区一带”产业发展，培育一主业突出、各具特色的产业重镇、商贸强镇、旅游名镇。围绕打造“工业新城、城市新区”的目标，通过加大投入、规划引导、政策扶持等措施，基本形成以攸州工业园为龙头，网岭、新市、酒埠江、桃水、菜花坪等乡镇为补充的“一园多区”工业发展格局，园区工业成为县域经济的重要增长极。2012 年，攸州工业园基础设施累计投入达到 8. 3 亿元，入园企业达到 46 家。

为力促城乡产业协同发展，攸县积极推进土地向大户集中、农民向城镇集中。按照依法、自愿、有偿的原则，积极探索土地流转的有效形式。2012 年全县发展专业合作组织 153 个，涉及农户 6. 8 万户。全县农村土地承包经营权流转总面积 30 万亩，占耕地总面积的 44%。形成了 65 万亩优质稻、5 万亩杂交制种、3 万亩无公害蔬菜、10 万亩优质油茶林等具有区域板块特色的农业基地。催生了武陵源油脂、尧乡农业等一批农业产业化龙头企业，有效提高了农业综合效益。同时，积极引导农村劳动力非农产业转移。全县非农就业农村居民达 10 万余人，外出务工人员达到 18 万人，每年有近 2 万人回乡到城镇定居置业，成为推动城镇化的主要动力。

第四节　遂昌：生态农业发展的典型个案

一　当前我国农业发展面临两难困境[①]

现代的“石油农业”把农药化肥、大规模的单一种植、大型机械等

① 肖建华、乌东峰：《两型农业：必要的乌托邦》，《农业考古》2013 年第 4 期。

工业化的农业生产当作解决人类生存和发展的必然选择。但现代“石油农业”发展至今日，越来越多的人开始意识到现代的“石油农业”步入了不可持续的死胡同。因此，西方先进工业国家都在积极寻找所谓“替代农业”。连美国农业也在考虑把“可持续农业”看作工业化农业的“替代方案”。[①] 中国是后发国家，在走向现代化的过程中基本沿袭了西式现代农业的发展模式。据调查，目前中国化肥年施用量占世界总量的30%，农药单位面积使用量比发达国家高出一倍，而化肥、农药的利用率分别仅为30%和40%，比发达国家低一半。[②]

改革开放以来我国农业发展迅速，但为此也付出了沉重的代价。代价之一就是对土地和水资源的严重污染和伤害。代价之二就是农村社区生活遭到严重破坏。我国农业发展目前面临的一个两难困境就是：既要大力发展现代农业，不断提高粮食产量以应对日益增长的农产品消费需求，又要在日益增大的资源与环境压力下保证农产品质量安全，减少对环境的污染。

二　遂昌：生态农业发展的前沿探索

要想破解我国农业发展中面临的两难困局，不能再走西式国家大规模、高产出、高消耗、高污染的工业化农业之路。2008 年 10 月 9—12 日，第十七届中央委员会第三次全体会议正式提出发展“资源节约型、环境友好型农业”（简称“两型”农业）战略。生态农业、有机农业、都市休闲农业等“两型”农业的发展模式是我国农业发展的目标。遂昌提出发展原生态精品农业，致力打造“中国的洁净乡村”。

美国农业与贸易政策研究所所长 Jim Harkness（中文名郝克明）2010年和 2011 年两度来到浙江遂昌县，探寻原生态农业。郝克明说，他考察了中国的很多乡村。他在考察中看到很多农业污染，生态环境遭到破坏，只有到了遂昌，这里纯粹的乡村气息让他眼前一亮。他说：“在遂昌，人们用原生态理念创新农业生产模式，让我看到了‘四千年农夫’的影子。

---

① Jules N. Pretty, *Regenerating agriculture: Policies and practice for sustainability*, Washington, D. C.: Jos eph Henry Press, 1995, p. 208.

② 叶兴庆：《2007 年：现代农业瞄准三大着力点》，《半月谈》2007 年第 1 期。

遂昌走在了世界生态农业发展的前头，这里的实验极具参考价值。”① 郝克明佩服并称赞遂昌县的做法，他说，从来不曾见过一个地方政府会如此倾力于生态保护和原生态精品农业发展，老百姓会如此热情参与。遂昌地方政府引导生态农业发展的经验为我国地方政府提升环境治理能力提供了启迪和借鉴。

三 遂昌地方政府引导生态农业发展的成功做法及经验②

笔者于2012年6月12—25日前往遂昌县农业局、环保局调研，并在遂昌县的妙高镇、北界镇、石练镇、新路湾镇、湖山乡、濂竹乡、高坪乡等几个乡镇进行实地调查。遂昌提出发展原生态精品农业，致力打造“中国的洁净乡村”，非常值得借鉴。

通过调研发现，遂昌农户从事原生态精品农业实践，首先得益于遂昌县政府因地制宜地提出原生态精品农业的概念，让山区农户重新认识生态产品的稀缺性以及传统文化的现代价值。其次是遂昌县政府制定了原生态精品农业发展规划、原生态农产品生产技术规范和原生态农产品地方标准，通过开展培育试点和技术指导，为农户提供了技术和资金支持。再次是通过大力推广“公司+基地（合作社）+农户”的发展模式，健全质量追溯机制，把单家独户的农民通过农业龙头企业、农民专业合作社相连接，实行原生态农产品标准化生产、会员制监督管理，落实质量安全追溯和承诺制度。最后是依托文化和旅游，创新产品营销模式，实现了原生态农产品的优质优价和一、二、三产业的统筹协调发展，有力地推动农业转型、农村发展、农民增收，实现了生态环境保护、生态旅游产业、生态农产品生产的可持续协调发展。

1. 培育农户的原生态精品农业意识

20世纪70年代大面积应用化肥、农药对农业生产起到了巨大的推动作用，但这在改变自然生态环境的同时，也改变了农民的生活生产习惯，逐渐形成了对化肥农药、简易喂养流程的依赖思想。随着人们消费水平的

---

① 《寻找四千年农夫：遂昌的农耕文化与原生态农业》，http：//gotrip. zjol. com. cn/05gotrip/system/2011/06/17/017607478. shtml。

② 肖建华：《两型农业生产体系建设政府引导机制研究》，博士学位论文，湖南农业大学，2013年。

不断提高，消费理念和需求也在不断升级，对食品的营养价值、健康安全等方面的要求越来越高，原生态农产品逐渐被人们所推崇。2005 年 10 月，遂昌县树立“生态立县”的战略目标。在对农产品市场需求进行科学研判的基础上，充分挖掘良好的生态环境、深厚的文化底蕴等优势，确立了以原生态精品农业为引领的现代农业发展战略。

遂昌树立了原生态精品农业的发展战略后，要引导农户从石油农业向原生态精品农业转型，首先要培育农户的原生态精品农业意识。农户原生态精品农业意识的培育是一个循序渐进过程，遂昌县充分利用广播、电视、报纸等媒介对农户进行广泛宣传引导和诚信教育，切实提高农民保护原生态农产品和培育原生态农产品意识。其次以点带面，搞好示范，用身边的人和事让农民亲眼看到发展原生态精品农业所带来的实惠。这样，通过广播电视典型宣传、科普下乡宣传、专业合作社对口交流、创办原生态农产品论坛等形式，让原生态精品农业的理念逐渐家喻户晓，不仅成为口碑的传颂者，更成为原生态农产品培育的参与者。通过发展原生态精品农业，使原生态农产品真正成为农民增收致富的重要渠道后，发展原生态生产已成为遂昌农民的自觉行动。

2. 制定农户的原生态精品农业政策

从“石油农业”向原生态精品农业转型，单单依靠市场或者农民自身的力量难以实现。在确定了原生态精品农业发展战略之后，遂昌将原生态农产品培育作为全县农业工作中心，统一思想，加强领导。为此，遂昌县成立了以分管副县长为组长的原生态农产品培育工作领导小组，专设编制 2 名。建立了农业、林业、水利、质监、工商等相关职能部门服务为联结的原生态农产品培育和发展组织体系。农业局专门成立了遂昌县原生态农产品管理中心，以管理中心为投资主体注册了遂昌钱瓯原生态农产品开发有限公司，下设“服务、监管、营销”三大中心。出台了《遂昌县促进农业产业化发展若干政策》《遂昌县原生态农产品培育行动计划》等文件。县政府设立原生态农产品培育专项资金，对新建并通过验收的每个生产基地，给予一次性补助 3 万元，主要用于市场营销、品牌打造、生产保险等。同时，设立遂昌县原生态农产品培育工作一、二、三等奖，鼓励工作成绩优异的乡镇。2009 年，安排了 80 万元财政资金用于原生态农产品的宣传、指导、管理和营销等工作。2010 年年初，又以人大代表表决方式，通过了用3年时间在县域范围内全面限制农药、化肥、添加剂、激素使用的决定。2010年7月，出台《遂昌县原生态精品农业发展规划》，力争通过3年努力，建设十大原生态精品农业园区、一百个原生态农产品生产核心基地。

3. 指导农户的原生态精品农业技术

发展原生态精品农业，要充分依靠科技力量，在农产品生产方法回归自然、回归传统的同时，大幅度提升产品品质，大幅度增加产品附加值，达到原生态农产品的经济效益最大化。为此，遂昌县设立了原生态农产品发展专家团，聘请大专院校、省市高级专家为各个园区、产业首席专家。开展原生态农产品种质资源普查工作，建立县级原生态农产品优质种质资源库。积极挖掘和选育本土原生态农产品良种，2009年，确定土鸡、土猪、土牛、土羊、原生态茶叶、原生态水稻、鳙鲢鱼、山油茶8个品种作为重点培育对象，在黄泥岭村、徐岙村和岱岭村等地建立了10个原生态农产品生产试点基地。2010年，全县已建成16大品种30个原生态农产品基地。同时，制定原生态农产品生产技术规范、加工技术规范和产品质量标准。

为进一步引导广大农户发展原生态精品农业，加快原生态品种和技术推广应用，推进原生态精品农业科技进村入户，2010年3月出台《遂昌县原生态农产品地方标准规范》，以此为依据，2010年7月编制《遂昌县原生态精品农业技术指导手册》。同时，各乡镇建立服务组，落实责任农技员职责。农技员带着农产品技术标准、土肥土农药配方，下乡劝农守“土”，鼓励和指导农户使用农家肥、有机肥，原生态耕作。在新路湾镇大马埠村，村民从之前忙着采购化肥、农药，转而准备草木灰、猪牛栏肥等有机肥，在镇农技干部指导下，开始在田间地头、山边寻找可制作土农药的草料。目前，遂昌相关部门共搜集出40多种土农药、10多种土肥制作方法，原材料大都就地取材。2012年遂昌启动建设有机肥配送中心，该项目建在大柘镇，由石练供销社闲置的化肥仓库改建，占地面积1180平方米，能储备5000吨的有机肥。项目完成后能极大方便和满足广大农民群众种植有机茶、有机水果、有机水稻等的有机肥需求，将为全县原生态精品农业发展提供物质保障。

4. 创新农户的原生态精品农业组织

先进的生态农业技术只有在大面积的土地上采用时，才能取得较高的效益。这就迫切需要农户组织起来。遂昌县在充分尊重农民意愿的同时，重点扶持以村集体为单位建立或大多数群众共同组建的专业合作社。通过大力推广“公司+基地（合作社）+农户”的发展模式，把单家独户的农民通过农业龙头企业、农民专业合作社相连接，实行原生态农产品标准化生产、会员制监督管理。如使用“人放天养”方式养殖的黄泥岭土鸡，由合作社与各养殖户签订责任书，实行“户籍化”管理。遂昌县妙高镇仙岩村，位于大山深处海拔 700 多米的山腰，由当地村委会创办的“妙高七山头土猪专业合作社”为养殖土猪的农户统一提供猪仔、统一养殖标准、统一收购、统一补贴。同时，鼓励农业龙头企业主动参与原生态精品农业建设，如支持建立销售企业+专业合作社、终端市场+生产基地的模式，发挥流通企业在销售渠道、品牌打造、营销管理等方面的作用，减少流通成本，增加产品收益。

为解决农户原生态精品农业启动资金的难题，遂昌县率先破冰，由政府部门当“红娘”，促成了资金互助会与银行的成功牵手。资金互助会与银行的成功合作，使银行也开始积极尝试将信贷触角延伸到“微额贷款”这个过去因风险大而没有涉及的领域。越来越多的农户靠着“微额借款”解决了创业启动资金难题。

5. 加强农户原生态精品农业的监管

遂昌县为发展原生态农业，打造原生态县域品牌，加强原生态精品农业的监管，具体从以下方面展开：（1）制定各项标准规范，实行标准化管理；（2）建立健全农户诚信联保制度，完善原生态农产品的可追溯管理机制；（3）完善各项安全检测手段，建立原生态农产品退出机制。

遂昌县为了严把好原生态农产品质量关，2010 年 3 月出台《遂昌县原生态农产品地方标准规范》。同时积极鼓励和支持专业合作社、农业龙头企业开展 ISO 9000、ISO 14000、HACCP、GAP、QS 等标准体系认证，到 2012 年上半年，已有 17 家县级以上规模农业龙头企业分别通过了 ISO 9000、HACCP、GAP 体系认证。金竹山茶油等 11 个品牌获有机食品认证，6 个获绿色食品认证。

为切实强化对原生态农业的监督作用，遂昌县在每个原生态农产品生产试点基地组建农民专业合作社，严格按技术规范生产。专业合作社还普遍建立种养生产档案，推行农户诚信联保，建立了农产品质量追溯制度。

“这就是遂昌在培育原生态农产品过程中的关键一环，实行产品质量可追溯制度，农产品质保在源头上下功夫。”在生产过程中都要求养殖户建立产销档案，实行质量安全追溯和承诺制度，实行“按标生产、按标上市、按标流通”。同时把其中强制性的生产标准写进村规民约，以道德方式规范约束村民的种养行为。拿黄泥岭土鸡来说，湖山乡黄泥岭村每位养殖户家的墙上都挂着这样一本“账本”，里边详细记录着鸡蛋开孵时间、小鸡出壳时间、喂养何种食物、防疫情况、出栏时间和单价等，甚至连小鸡是由哪只老母鸡孵化，都详细可查。

遂昌县为了强化对原生态农产品的质量安全管理和执法监督，一是严格执行《浙江省食用农产品安全管理办法》《农药管理条例》《兽药管理条例》《饲料和饲料添加剂管理条例》等法规的有关规定，坚决杜绝使用禁用、淘汰农业生产资料或超剂量使用药物的行为。二是建成布局合理、层次分明的检测体系，推行监督检测、鼓励委托检测、扶持企业自检相结合的检测模式，全面提升检验检测能力，具备了190个产品和参数检测能力，在茶叶、食品、竹炭等关系民生安全产品以及地理标志保护产品的检验检测体系建设上取得重大突破。对检测不合格的，列入黑名单，进行重点监管，取消政策性扶持并通报曝光。三是组织开展原生态农产品市场经常性检查，以“绿剑”系列农业行政执法为抓手，组织开展农药、兽药等农业投入品专项检查。加强动物及其产品的检疫工作，建立和完善冷库动物产品经销台账制度和货到报检制度。从产地、屠宰、市场、运输环节上，严防动物疫病的传入；规范农资供应点，加强饲料和兽药市场准入管理，建立高毒农药销售档案管理制度。四是建立退出机制。对遭受严重病虫灾害，确需应急防控的，通过相关程序，给予退出，不再认定为原生态农产品。

6. 实现农户的原生态精品农业价值

在市场化过程中，遂昌县将原生态精品农业的品牌打造、生态文化旅游与营销模式创新有机结合，实现市场影响力和产业效益双提升，实现了原生态农产品的优质优价和一、二、三产业的统筹协调发展，有力地推动了农业转型、农村发展、农民增收，实现了生态环境保护、生态旅游产业、生态农产品生产的可持续协调发展。

为打造原生态农产品品牌，遂昌县狠抓品质，注册商标，改进包装，提高原生态农产品品味，如湖山乡黄泥岭村通过建立村级土鸡专业合作社，注册“黄泥岭”商标，统一管理和销售，取得了巨大成功。价格从每千克不到50元一下飙升至120—160元。

除此之外，遂昌县通过常态化的文化节庆活动及展销会、产品推介会，积极开展原生态农产品的宣传和营销工作，使原生态农产品迅速得到市场认可。2009年遂昌的土鸡、山茶油、原生态米等原生态农产品成功打进北京、上海、杭州等地市场，打入高端消费群，使之成为遂昌具有标志性意义的区域产业品牌。

除了通过打造原生态农产品品牌，带动原生态农产品的销售外，遂昌还以生态文化旅游市场为依托推动原生态农产品的销售。新建诸如放牛娃体验区、传统农耕劳动体验区、采茶体验区等农业体验园，并将景观概念融入其中，把每一个园区建成一个景区或景点，同时也是一个原生态的物流中心、购物点，千方百计吸引游客前来旅游、体验、购物，促进生产、加工、营销、休闲观光协调发展。生态文化旅游市场的发展离不开赏心悦目的洁净环境和传统的非物质文化遗产，为此遂昌县从2007年开始整理、挖掘传统的非物质文化遗产，从2009年开始大张旗鼓地推进“洁净乡村”建设。2007年遂昌文化部门组织了450位普查员，历经半年时间，对全县非物质文化遗产进行地毯式搜索，共普查出18大项2000余小项30000多条非遗线索。从2009年起，遂昌以“硬环境景观化，软环境人文化”为要求，全面开展“洁净乡村从我做起”“文明习惯从点滴做起”大行动。并每年投入不少于1000万资金。遂昌制定了详细的洁净乡村量化评分考核细则。

乡村休闲旅游业的兴起使遂昌呈现出强大的“富民效应”。至2011年8月底，全县已有68个村开办农家乐，占全县总村数1/3。全县共接待国内外游客380.5万人次，实现旅游综合收入15.5亿元。在经济欠发达的遂昌县，随着生态经济和乡村休闲旅游业的崛起，吸引了一大批外出务工者回乡创业、就业。当地正涌现一大批延续传统农业的“产业农民”，解决了传统农业无人接续和乡村凋敝的问题。

除了发展乡村休闲旅游业，吸引游客走进来消费，遂昌还积极走出去。为实现山区原生态农产品与都市大市场的无缝对接，遂昌建立了专门的原生态农产品展销中心，通过组织参加各种展销会、推介会等营销活动，通过强有力的宣传造势，成功打造了遂昌县原生态优质优价的品牌形象。近年来，遂昌县还以县域销售为基础，不断扩大大中城市的实体直销网络，在北京、杭州等大中城市设立了实体展销店，成功打开了北京、上海、杭州等地市场。

第五节 嘉兴：环境公众参与的典型模式

一 公众广泛参与和意见表达是环境良治的有效保障

在当今中国，环境污染问题已经引起全社会的普遍关注。政府、企业、公众是推进我国环境保护事业进程的“三驾马车”。公众广泛参与和意见表达是环境良治的有效保障。

我国相关环保法规对公众参与作出了规定。近年来，部分省市还开展了公众参与制度的相关探索，如江苏、河北、浙江等十几个省市的社区和乡镇开展了社区环境圆桌会议试点；广州市实行了公众参与环保项目审批制度；呼和浩特、镇江实行环境管理和企业环境信息公开制度等。

虽然我国的环境保护取得了令人瞩目的成就，公众的环境意识有了很大的提高，公众参与也取得一定成就。但目前我国的环境公众参与仍处于起步阶段，参与的形式单一，环保非政府组织发展比较落后；相关制度不健全，缺乏制度保障；公众参与大多为末端参与和被动参与。

二 环境公众参与的“嘉兴模式”

自20世纪90年代以来随着工业化和城市化进程的加快，“鱼米水乡”的嘉兴市竟然成为水质性缺水城市，环境纠纷和矛盾此起彼伏。以“鱼米水乡”著称的浙江省嘉兴市，2006年、2007年两年环保系统受理的环保信访类案件均突破7000件。2008年嘉兴市水资源保护情况在浙江省年度排名中落在最后。在此背景下，嘉兴市委、市政府认为，环境保护一定要借助民众的力量，形成植根于民间的环保动态监管机制。多年来在由环保局、环保联合会、企业、社区市民多方“联姻”下诞生的“嘉兴模式”，已被浙江全省其他地市及全国所复制推广。

三 环境公众参与“嘉兴模式”的经验和做法

笔者于2014年11月10—25日前往嘉兴市进行调研，并在南湖区的环保局、新嘉街道、七星镇、大桥镇等街道和乡镇进行实地调查。通过调研发现，嘉兴市积极探索建立公众参与环境保护的监督机制，首先在于嘉兴市委、市政府领导的重视。嘉兴市委、市政府把环境指标纳入地方政府考核并实行一票否决制度。这一措施强化了领导的环境意识。

其次在于通过自上而下的方式扶持社会组织从事环境治理工作。基于社会公益的民间环境组织大多规模很小，能力有限，自立性差，很难为了社会公共利益而采取共同行动。嘉兴市政府通过自上而下的方式来培育环保志愿者服务总队、节能减排志愿者先锋服务队、专家服务团、环境权益维护中心和环境学会、生态绿色宣讲团、环保市民检查团等民间环境社会组织，发动、组织公众参与到环境社会组织中来介入环境治理的实践，这是推进公众参与环境治理的现实道路。

最后在于以制度化的形式赋予公众环境权。嘉兴市环保部门出台了《环保市民检查团组织管理办法》《嘉兴市环保志愿者服务队工作章程》《嘉兴市环保志愿者服务队工作章程》等规章制度，明确了公众参与环保的活动范围、组织形式和监督权限等。嘉兴市民代表对排污企业抽查有“点名权”，对污染企业“摘帽”和部门建设项目审批有“否决权”，对环境行政处罚结果有“票决权”。市民参与环保监督具有否决权，这是全国首创。嘉兴市赋予公众充当“环境法官”决定罚多罚少，使环境执法体察民意。嘉兴市采用“圆桌会”等方式给普通市民参与环境决策的机会。公众参与不仅拥有表达权、建议权，而且还拥有投票否决权。

当然，嘉兴模式的运作也存在种种问题。如环境信息有效性供给不足、环境规划与决策中的利益相关者表达诉求和法律保护渠道不够、环境群体性事件暴露了政府在如何把公众对环境问题的关注转变为依法有序的公众参与方面还缺乏经验等。嘉兴模式更大的意义在于为我们提供了经验，为我们创新公众参与体制、改进公众参与方式提供了借鉴。

第六节　深圳、无锡：探索具有地方特色的环境监管模式

一　国内地方环境监管能力建设亟须加强

面对生态破坏巨大的压力和严峻的挑战，环境监管已越来越为人们所

关注。经过多年的持续改革，我国形成了中央统一管理和地方分级管理、部门分工管理相结合的环境管理体制。[①] “十一五”以来，国家环境监管能力建设工作取得积极进展。但与新时期环境监管能力建设的需求相比，目前我国环境监管能力水平尚难以满足环境管理工作的需要，突出表现在县级环境监管能力建设方面。[②]

目前环境保护工作处于历史性转变的新阶段，任务量和职责明显增加，但县级环保部门的编制仍然延续以前甚至是几十年前的格局，造成目前环保部门“小马拉大车”的矛盾日益突出。2010 年全国区县级环境监测机构平均 16 人，均低于《全国环境监测站建设标准》中三级标准。[③] 在一些地方，几十人的环保部门需要管理上千家企业，人力资源相对薄弱。

二 生态环境监察的“深圳模式”

2003 年，国家环保总局在全国进行首批生态环境监察试点，深圳位列其中。十余年来，深圳生态环境监察走在全国前列。生态环境监察的“深圳模式”值得全国借鉴。

深圳生态环境监察试点的突出成效之一，是在执法机制、工作制度等方面开拓创新，积累了可贵的经验。概括起来，主要包括五个方面。

第一，建立由政府实施的监察工作机制。市政府高度重视生态环境监察试点工作，成立了由市委常委、副市长任组长的领导机构。市环保局、市国土房产局、市农林渔业局、市水务局、市工商局、深圳海事局以及宝安区、龙岗区、南山区、盐田区人民政府作为成员单位，全力参与试点工作。领导机构下设“深圳市生态环境监察试点领导小组办公室”，设在市环保局，负责统筹安排、协调处理全市监察试点工作。

第二，出台了一系列生态保护规范性文件。2004 年 2 月，深圳市三届人大六次会议主席团经审议，决定把《关于加大执法力度，保护我市

---

① 白永秀、李伟：《我国环境管理体制改革的 30 年回顾》，《中国城市经济》2009 年第 1 期。

② 吴舜泽、逯元堂、金坦：《县级环境监管能力建设主要问题与应对措施》，《环境保护》2010 年第 13 期。

③ 同上。

生态环境的议案》作为该次人大会议的议案。近年来，深圳市陆续出台了一系列生态保护规范性文件：制定了《深圳市基本生态控制线管理规定》，组织编制《深圳市生态建设规划》，市政府出台《深圳市养殖水域滩涂规划》《深圳市海洋功能区划》《关于加快城市林业发展的决定》《深圳市宝安龙岗两区城市化土地管理办法》，印发《深圳市人民政府关于清理整治采石取土恢复生态环境实施方案》《深圳港溢油应急计划》《深圳海上突发事件应急处置预案》等，为深圳市生态环境监察试点工作的有序展开提供了法律保障。

第三，建立了生态环境监察的基本工作制度。深圳市环保局先后印发《深圳市环境保护局生态环境监察档案管理制度》《深圳市环境保护局生态环境监察工作制度》《深圳市生态环境监察违法案件移送制度》《深圳市违法养殖业、屠宰业现场检查清理规范》等，使生态环境监察工作迈向制度化、规范化轨道。

第四，充分利用科技手段，创新环境监管模式。一是充分利用移动执法系统的各项功能，实现污染源监管的科技化。二是引进自动取样仪，弥补白天监察的不足。三是运用远程监控系统，实时监控企业污水处理设施的运行状况。上述高科技环境监察手段的运用，创新了环境监管模式，即从现场检查模式向现场核查模式转变，并对排污企业进行全过程监管。

第五，建立起生态环境监察公众参与机制。深圳市生态破坏的投诉机制基本确立。“12369”环保热线，24 小时受理市民有关生态破坏事件的各类投诉。公众参与机制的设立，进一步唤起了居民百姓参与环境保护与生态建设的意识。从 1998 年起，深圳积极开展社区环境文化建设活动，开展“绿色社区”“绿色学校（幼儿园）”“绿色企业”建设活动，倡导绿色生活氛围。

三　江苏无锡探索具有地方特色的环境监管模式

无锡市探索具有地方特色的环境执法监督的体制，在执法队伍建设、全过程从严执法的工作制度建设、打造“强势环保”执法机制、环境执法与服务相结合等方面开拓创新，积累了可贵的经验。概括起来，主要包括四个方面。

第一，“四扩”让执法队伍兵强马壮。首先是扩机构。无锡市环境监察局升格为副处级单位，有 4 个环境监察大队升格为副科级建制，1 个大队升格为正科级建制。其次是扩队伍，进一步充实一线执法力量。再次是扩装备。环境应急指挥车、环境应急监测车、环境执法专用车及移动环境执法装备不断得到配置。最后是扩手段。新建 7 个环境自动在线监控中心，针对 339 家重点污染源及 52 家城镇污水处理厂安装了在线监控仪，建立了水、陆、空“三位一体”的太湖水质监测监控体系。

第二，建立全过程从严执法的工作制度。首先落实“准入从严”，严格环保审批，严控污染项目。其次落实“监管从严”。无锡市全面推进环境监察网格化管理体系建设，落实到人，使每个环境监察人员都有自己的“责任田”。再次是落实“查处从严”。对环境违法企业实行“五个一律”：典型违法案件一律挂牌督办；所有违法企业一律高限处罚；所有超标排污企业一律征收超标排污费；整治不力、屡查屡犯的企业一律公开曝光；污染严重、治理无望的企业一律关停。最后是落实“整改从严”。对发现的各类环境污染问题实行“五个公开”：公开责任单位；公开责任人；公开解决时限；公开督办部门；公开整改结果。

第三，打造“强势环保”执法机制。首先构建大执法机制。成立由市常务副市长带队、11 个部门和媒体记者参加的联合检查组，定期开展联合执法。其次构建大督查机制。成立由市环保局牵头、市纪检监察等部门参加的环境监察工作稽查组，对市委、市政府相关决策部署落实情况，以及环保工作任务完成等情况开展飞行检查、交叉互查、专项检查和后督查。再次构建大公开机制。组织开展企业环境行为信息公开活动。最后构建大自律机制，积极推行企业环境监督员管理制度。

第四，环境执法与服务相结合。面对国际金融危机影响下的环境执法工作新形势，无锡市在执法中加强服务，在服务中强化执法。进一步为企业环境安全排忧解难，推进企业实现节能、降耗、减污、增效，受到广大企业和社会各界的普遍欢迎。

第七章　提升中国地方政府环境治理能力的路径选择

“环境问题在中国已经不是一个专业或者技术问题，而是上升到政治和社会问题。”① 目前，中国地方政府环境治理能力提升面临一系列路径依赖困境。要化解今日中国的环保困境，构建资源节约型、环境友好型社会，提升地方政府环境治理能力需要突破路径依赖，实行制度创新。在中国，这将是政治、经济、社会制度的综合改革和创新。

第一节　提升地方政府环境治理的动力、权能和压力

一　树立生态政治战略和培育生态价值观

1. 地方政府领导树立生态政治战略

继环境保护作为“基本国策”之后，20 世纪 90 年代我国提出了可持续发展战略。2007 年更提出建设“生态文明”的全新理念，并将生态文明放在物质文明、精神文明、政治文明的同等高度来统筹推进，生态发展已进入国家最高政治议程。党的十八报告把生态文明建设放在突出地位，要求努力建设美丽中国以实现中华民族永续发展。“十二五”规划更是提出要树立绿色、低碳发展理念，以节能减排为重点，健全激励与约束机制，加快构建资源节约型、环境友好型社会。《中共中央关于制定国民经济和社会发展第十三个五年规划的建议》将“美丽中国”首次写入规划，并提出“创新、协调、绿色、开放、共享”五大发展理念。把“绿色发展”作为五大发展理念之一，生态环保已被放在空前的高度，这与党的

① 《环境危机迫在眉睫》，http://finance. sina. com. cn/g/20050527/15551631449.shtml。

十八大将生态文明纳入“五位一体”总体布局一脉相承。

地方政府是社会经济发展的直接管理者和经济运作系统的直接操纵者，多重身份往往使其在处理经济增长与环境保护方面处于一种尴尬的境地。地方政府在环境保护方面不作为、干预执法及决策失误是造成环境顽疾久治不愈的主要根源。中国环境最好的地区是那些地方领导关心、有充足的财政资源并且与国际社会有着紧密联系的地方。大连、上海、中山被认为是中国的环保领先者，为其他地区设立了榜样。① 与其他在环保方面表现较差的城市相比，这些城市最重要的特点是，市长是一个强势的、独立的环保支持者。可见，提升地方政府环境治理能力首先要求地方政府领导树立生态政治战略，正确处理经济增长和环境保护的关系。

要使地方政府领导树立生态政治战略，必须培育其环境友好理念。这需要进行相关非正式制度安排的创新。

第一，生态伦理观的创新。传统的生态伦理观以功利主义和实用主义为基础，造成了人类经济生活和自然界的冲突。中国传统文化中包含着“天人合一”的价值取向、尊重生命的“仁爱”思想和“道法自然”生态智慧，表达了思维系统性、整体性特点，包含了人与自然和谐的思想，可为现代生态伦理观提供了一种价值取向——人与自然的和谐、协调与一致。因此，在地方政府领导生态伦理观的创新中，要以中国的历史文化传统为出发点，在继承其合理性的基础上，结合现代性进行创新。

第二，资源观的创新。地方政府领导资源观的创新主要是树立自然资源的有限性观念和自然资源有价值的观点，同时确立自然资源是社会经济发展的基础和前提的观点。

第三，发展观的创新。科学发展观就是对传统发展观的创新，科学发展观创新的重点主要在于：一是从整体性来考虑发展，即在发展中考虑人类的整体利益，而且考虑人类的长期发展和长期利益；二是从综合性来考虑发展，即突破传统发展观中用单一 GDP 来衡量发展的观念，用多维指标来衡量经济发展的结果。因此，地方政府领导应切实履行科学发展观。

“正规规则可以在一夜之间被政治组织所改变，而非正规制度的变化

---

① ［美］伊丽莎白·伊科诺米：《中国环境保护的实施情况》，程仁桃摘译，《国外理论动态》2007 年第 4 期。

则很慢。”[①] 非正式制度的构建与形成需要依靠人们内心的理念和认识去逐步转变，有时需要数代人的共同努力、逐步积累才能转变，才能实现。非正式制度的构建与形成需要正式制度的安排，当前地方政府领导生态伦理观、资源观和发展观的创新可通过健全考核机制的正式制度安排来逐步形成。即建立以绿色 GDP 为核心的地方政府考核和监督机制。当务之急是改变过去单纯考核地方经济增长的做法，建立起一套对地方政府的生态环境考核指标体系。同时，应建立环境问责制度，以追究政府部门中相关人员的环境责任，特别是地、市级以上负责人的责任。[②]

2. 引导全社会树立生态文明意识，培育生态价值观

环境公共事务的多中心合作治理模式的实质是通过建立一种在微观领域对政府、市场的作用进行补充或替代的制度形态，使大量的社会力量参与环境治理。21 世纪是世界范围内重视环保的生态文明世纪，加强青少年生态道德教育，培养具有生态价值观和生态道德的人才是贯彻落实科学发展观、构建和谐社会的首要条件，是实现我国经济增长方式转变、实现可持续发展的关键。2015 年《中共中央、国务院关于加快推进生态文明建设的意见》提出：“积极培育生态文化、生态道德，使生态文明成为社会主流价值观，成为社会主义核心价值观的重要内容。从娃娃和青少年抓起，从家庭、学校教育抓起，引导全社会树立生态文明意识。”可见，加强青少年生态道德教育，培养具有生态价值观和生态道德的人才，引导全社会树立生态文明意识，从长远来看将是提升地方政府环境治理能力的关键。

污染能否最终控制，资源能否得以节约与循环，企业的角色和作用都是独特和关键的。现代社会环境问题日益严峻，企业不仅要承担基本社会责任，同时还要依法承担环境责任。企业要承担环境责任必须走绿色发展之路，必须把环境保护作为企业发展的生命线，努力实现经济、社会、环境效益共赢。实行清洁生产，在发展经济的同时，最大限度地减少废水、废气及各种固体废弃物的排放。节能降耗，加强资源综合利用。熊彼特认

---

① ［美］詹姆斯·A. 道：《发展经济学的革命》，黄祖辉、蒋文华译，上海三联书店 2000 年版，第 109 页。

② 李金龙、游高端：《地方政府环境治理能力提升的路径依赖与创新》，《求实》2009 年第 3 期。

为，企业家是推动经济发展的真正动力。在解决环境问题上，企业家是领军人物。在当前环保时代下，企业责任的内容非常丰富，尤其是对企业绿色管理、绿色经营的要求越来越高，因此，企业家要充分发挥自己的能力和影响力，积极转变思想，树立环保理念，更新环保思维，促进企业社会责任的顺利履行。企业社会责任所导致的企业自律行为，对推进可持续发展和提升地方政府环境境治理能力具有不可估量的作用。企业和企业家应该承担更多的社会责任，这种观点逐渐被更多的人认同。当然，这个观点的接受在我国仅仅是一个开始，道路还很漫长。

公民是否具有良好的生态道德意识是衡量一个社会文明程度的重要标志。生活方式中的浪费、破坏环境等行为无不折射出人们生态道德意识的缺乏。教育是人格社会化的重要途径，我国需要以战略性视角构建全社会生态人格教育体系。一方面，教育主管部门要设计并实施从幼儿园、中小学到大学的生态环保知识性教育与绿色行为习惯的培养体系，积极改变人们过度消耗能源的生活方式，养成绿色生活的日常行为和习惯；另一方面，在劳动就业、职业资格、公务员、领导干部培训考试中，强化生态哲学、环境伦理、循环经济、环境法制等方面的内容，从而提升全民的环保意识。

二　建立科学和可操作的地方政府环境责任考核评估与追究体系

一个地方环境的好坏，往往取决于该地方政府本身对于环境问题的认识，而这种认识又往往是建立在地方政府本身对于自己责任的认识之上的。发生环境污染事故，直接肇事者难辞其咎。然而，地方保护主义、地方政府不作为是导致污染事件的重要因素，建立科学和可操作的地方政府环境责任考核评估与追究体系至关重要。

1. 不断提高地方政府环境责任相关法律法规的可操作性

地方保护主义、地方政府不作为是导致污染事件的重要因素。我国现行环保法律有关于地方政府管理相关资源环境职权与职责的宣布性规范。然而，按照法学理论，这种规定是不足以形成追究地方政府的法律责任依据的。[①]

① 罗文君：《论我国地方政府履行环保职能的激励机制》，博士学位论文，上海交通大学，2012 年。

对政府而言，环境责任不是一种道德责任，而是一种法律责任。只有通过法律的明确规定，借助法律的平台，才能将政府所应承担的环境责任量化，并借此加以问责，推进政府积极履行环境保护的义务和责任。我国现有的环保法律，对于地方政府只规定了作为或不作为义务，对违反了法律职责而应该承担的法律上的不利后果的规定是相当缺乏的。正是这种环保立法空白的缺陷导致一些地方政府滥用自由裁量权，大量实施对环境不利的短期经济行为。

要提高地方政府环保责任相关法律法规的可操作性，首先应通过立法进一步明确地方政府如果违反了环境法律应该承担什么样的法律责任。只有法律责任明确了，才能约束地方政府的自由裁量权，使地方政府正确履行环保职责。应加强政府环境职责和义务立法，提高政府环境义务条款在政府环境责任条款中的比重。

其次，完善地方政府环境责任的问责机制。“生态环境保护能否落到实处，关键在领导干部。”党对生态环境治理的领导，也体现在强化党政领导干部生态环境治理责任上。1982 年《宪法》明确规定了国家环境保护的职责；1989 年《环境保护法》规定地方各级人民政府的环境治理责任；环境与资源保护单行法规范了各级人民政府的环境保护行政主管部门的监管职责。为了强化地方政府环境治理责任，2009 年中组部颁布实施地方党政领导班子和领导干部综合考核评价制度。为强化中央和国家机关有关工作部门领导成员、县级以上地方各级党委和政府及其有关工作部门的领导成员干部生态环境和资源保护的职责，中组部、监察部根据有关党内法规和国家法律法规出台了《党政领导干部生态环境损害责任追究办法（试行）》，并于 2015 年 8 月 9 日施行。党政领导干部生态环境损害责任追究形式有：诫勉、责令公开道歉；组织处理，包括调离岗位、引咎辞职、责令辞职、免职、降职等；党纪政纪处分。党的十八大以来，我国开创性地建立领导干部自然资源资产离任审计制度、领导干部生态环境损害责任终身追究制度、中央环保督察制度。严格实行生态环境保护“党政同责”“一岗双责”“终身追责”。这些制度的实施激发了地方党政领导自觉、主动推进生态环境治理的创造性和积极性。

除了中组部、监察部对党政领导干部生态环境损害责任追究外，还需强化立法机关的政治问责机制、完善司法机关的法律问责机制、搭建传媒与公众的社会问责机制。强化立法机关的政治问责机制，一方面尽快在立法机关确立专门机构对政府环境责任进行问责，另一方面着力采取多种手段进行问责：听取和审议、执法检查、询问和质询、特定问题调查、罢免和撤职等。完善司法机关的法律问责机制，一是需要尽快扩大受案范围，将抽象行政行为列入环境司法审查范围；二是增设机关诉讼和环境行政公益诉讼。在媒体问责机制方面主要在政府环保部门或媒体中设立环境问题投诉中心和举报电话。在公众问责机制方面，主要是完善社会公众的环境行政诉讼。

2. 构建地方政府前瞻性环境责任体系

环境污染引发的后果常是不可逆的，要解决环境问题必须防患于未然，从源头进行预防，政府必须主动承担前瞻性责任。当前尤需地方政府加强源头预防，建立和健全地方政府环境与发展综合决策制度是构建地方政府事前预防环境责任机制的有效途径。

健全地方政府环境与发展综合决策制度，应从以下方面着手①：一是完善环境信息公开制度。二是依法实施规划或项目环境影响评价制度。三是推进公众参与地方政府的环保决策。四是突出人大、政协以及上一级政府对下一级政府环境责任的监督。除此之外，应建立重大决策失误的问责制度。2015 年 8 月 9 日施行的《党政领导干部生态环境损害责任追究办法（试行）》第 5 条规定有下列情形之一的应当追究相关地方党委和政府主要领导成员的责任：贯彻落实中央关于生态文明建设的决策部署不力，致使本地区生态环境和资源问题突出或者任期内生态环境状况明显恶化的；作出的决策与生态环境和资源方面政策、法律法规相违背的；作出的决策严重违反城乡土地利用、生态环境保护等规划的。

3. 完善地方政府官员生态政绩考核机制

以经济目标主导的压力型体制下实行以 GDP 为核心的政绩考核制，一些地方官员为了获得晋升机会不仅懈怠自己应有的环保职责，有的甚至还帮助企业违法、逃避环保法律义务。② 这种过分偏重经济指标的考核，

---

① 刘晓星：《政府环境责任如何化虚为实?》，https：//gongyi. ifeng. com/gundong/detail_ 2013_ 08/22/28899726_ 0. shtml。

② 王曦：《论新时期完善我国环境法制的战略突破口》，《上海交通大学学报》（哲学社会科学版）2009 年第 2 期。

考核评价指标体系片面、单一，没有很好地解决政绩评价“唯 GDP”的倾向。针对以上问题，2006 年、2009 年中组部先后颁发了《体现科学发展观要求的地方党政领导班子和领导干部综合考核评价试行办法》《地方党政领导班子和领导干部综合考核评价办法（试行）》。2013 年 12 月 6 日，中组部印发《关于改进地方党政领导班子和领导干部政绩考核工作的通知》。上述文件从制度层面纠正了单纯以经济增长速度评定政绩的偏向，树立了政绩考核的新导向。

（1）绿色 GDP：地方政府官员生态政绩考核的重要方向

官员政绩考核指标对地方官员行为具有极强的导向作用，改变过去单纯考核地方经济增长的做法，建立起一套以绿色 GDP 为核心的地方政府生态环境考核指标体系是完善地方政府官员生态政绩考核机制的重要方向。绿色 GDP 核算体系反映了一个国家或地区经济发展的质量和可持续性，逐步成为世界各国制定和实施可持续发展战略的重要依据。2002 年，中国新的国民经济核算体系新设置了附属账户——自然资源实务量核算表，制定了核算方案。中国目前绿色 GDP 核算体系的建立面临三大挑战：一是认识观念还不够全面深刻，主要是对它的必要性、复杂性及相关范畴的认识和理解不足。二是绿色核算技术还不够先进完美。三是绿色核算的制度安排基本空白。

绿色 GDP 的启动实施虽面临着许多技术、观念和制度方面的障碍，但我们都应当立即开始进行探索，逐步建设起符合中国国情的绿色 GDP。推行中国绿色 GDP 核算应从以下方面努力：一是在组织形式上搭建由相关部门参加的跨学科、跨部门的统一工作平台；二是选择合适的目标模式，即采用联合国推荐的综合环境与经济核算体系（SEEA）；三是确定研究的重点与范围；四是构建科学完整的环境资源统计指标体系；五是加快开展绿色 GDP 核算试点工作。

（2）环保指标：地方政府官员生态政绩考核的现实选择

目前，“绿色 GDP”尚不成熟。用这样一个技术尚不成熟的指标来对地方政府和党政领导干部的工作绩效进行考核，其适宜性值得商榷。[①] 就

① 齐晔、张凌云：《“绿色 GDP”在干部考核中的适用性分析》，《中国行政管理》2007 年第 12 期。

现阶段来讲，要在政府和干部绩效考核中体现资源环境的要素，可行的途径就是在现有的考核指标体系中发展环保指标。近年来，生态政绩考核制度得到了大多数地方政府的重视，许多地方将环保政绩纳入了干部考核体系。海南的生态立省考核模式与广东的分区考核模式堪称我国生态政绩考核的两大典型。

（3）完善地方政府官员生态政绩考核机制的路径选择

第一，中央政府还需要制定政策促进各级地方政府制定更加明确的环保政绩标准、增大环保的指标权重。2006 年、2009 年、2013 年中共中央组织部先后颁发了地方党政干部考核改革的文件，这些文件从制度层面纠正了单纯以经济增长速度评定政绩的偏向，树立了政绩考核的新导向。上述文件更多的是从程序上规范了干部考核制度，对于环保在干部考核体系中的具体比重并无硬性规定，仍然需要依靠各地党委和政府的配套政策。[①] 但实践中的问题是，环保政绩在地方政府制定的考核体系中权重过小，不足以使地方官员将对环保公共利益的考量与地方官员自身利益形成正和博弈。因此，要想使环保政绩制真正能够发挥激励地方政府环保履职的作用，中央政府还需要制定政策促进各级地方政府制定更加明确的环保政绩标准、增大环保的指标权重，以此来激励地方官员积极履行环保职责。

第二，设立科学的生态政绩考核指标体系。一项考核能否取得良好效果，在很大程度上是取决于考核的指标体系是否科学。而指标体系是否科学又取决于生态政绩考核内含指标的设定和各项考核指标的权重设置两个方面。根据科学发展观的要求及遵循原则，参照我国目前一些省市所作出的实践，我们可以考虑设立一个科学的生态政绩考核指标体系（见表 7-1）。

在科学的生态政绩考核指标体系中，共有 18 个指标，分为以下四个方面：

①生态文化建设的考核指标。生态文化建设的考核指标主要包括生态文明观念普及程度、生态文明社会教育覆盖率、生态文明宣传教育支出增

① 汪劲：《环保法治三十年：我们成功了吗？中国环保法治蓝皮书（1979—2010 年）》，北京大学出版社 2011 年版，第 262 页。

长率三个指标。

②制度建设的考核指标。制度建设的考核指标主要包括生态建设年度规划制定与实施情况、生态保护地方性规章完善程度两个指标。

③组织建设的考核指标。组织建设的考核指标主要包括生态政绩考核组织机构完善程度、社会志愿者与民间环保组织发展程度两个指标。

④生态建设效果的考核指标。生态建设效果的考核指标主要包括森林覆盖率、耕地保有量、城市环境空气质量优良天数、主要污染物总量减排完成率、城市人均公园绿地面积、城镇生活污水处理率、城镇生活垃圾无害化处理率、重大环境污染事故发生次数、环境污染投诉次数、环境质量群众满意度、建立人口生态体系 11 个指标。

表 7-1　　科学的生态政绩考核指标体系

一级指标	二级指标	分值
生态文化建设	生态文明观念普及程度	10
	生态文明社会教育覆盖率	
	生态文明宣传费用支出增长率	
制度建设	生态建设年度规划制定与实施情况	10
	生态保护地方性规章完善制度	
组织建设	生态政绩考核组织机构完善程度	10
	社会志愿者与民间环保组织发展程度	
生态建设效果	森林覆盖率	70
	耕地保有量	
	城市环境空气质量优良天数	
	主要污染物总量减排完成率	
	城市人均公园绿地面积	
	城镇生活污水处理率	
	城镇生活垃圾无害化处理率	
	重大环境污染事故发生次数	
	环境污染投诉次数	
	环境质量群众满意度	
	建立人口生态体系	

不同地区对生态建设的要求不同，生态政绩在整个政绩考核中所占的

比重是不同的。例如，广东省将全省 21 个地级以上市划分为都市发展区、优化发展区、重点发展区和生态发展区四大区域类型，根据不同区域的实际情况设计不同的生态政绩考核指标和指标权重，这是一种较为成功的做法。

在指标体系确定下来以后，紧接的问题是对这 18 个指标的处理。对于多个指标的综合处理方法有赋权法、主因子分析法。主因子分析法能克服赋权法中人为确定权数的缺陷，从而保证考核评价的结果客观合理。生态政绩考核内含指标权重的设置应突出生态建设效果的考核指标权重，如表 7-1 所示，这方面的考核指标权重占 70%，而生态文化建设的考核指标、制度建设的考核指标、组织建设的考核指标各占 10%的权重。

三　建立环境财政制度完善地方政府的环保投融资机制

环保投入是环境保护事业发展的物质基础。目前我国环保投融资呈现出多渠道、多元化的格局。政府、企业、个人和非官方机构是环保投融资的主体。政府用于环境的资金是中国环境保护投资的主要来源，包括政府预算内和预算外管理的资金。财政预算资金是政府投资环境保护的主要形式。长期以来环保投资来源主要是国家财政资金、银行资金、自筹资金和利用外资等，在少数城市尝试了 BOT、"用户集资"等形式，投资渠道仍然不够广泛。近年来财政资金用于环境保护的比例有所增加，但政府财政中用于环保投入的部分在 GDP 中的占比长期偏低。分税制改革过程中，由于转移支付体系尚未完全建立，地方政府在履行公共服务职能中面临着巨大的财政压力，用于环境保护的资金缺乏有效的收入保障，导致地方政府无力维持地方财政环保投资的持续增长。建立环境财政制度，进一步明确中央与地方的财权、事权及其投资范围和责任，完善地方政府的环保投融资机制是解决中国地方政府环保投资不足的现实路径。

1. 建立环境财政制度，增加各级政府的环保投入

加强财政对环境保护的支持力度，首先，应当将环境保护纳入年度财政预算中，应以环境保护"五年计划"为基础制定环境保护部门年度预算计划，确保政府环保投入的刚性，进一步加强政府的环境财政职能。2006 年财政部正式把环境保护纳入政府预算支出科目，但环境保护尚无年度预算资金安排。建议将环境保护提升到与农业、教育、科技等并重的

位置上，构建环保支出与 GDP、财政收入增长的双联动机制。同时应将这一机制指标化，作为官员政绩考核的指标之一，并配合相应的奖惩制度。[①]

其次，应加强对环境收费的预算管理，保证环境收费入库。2018 年我国已开征环境税。建议利用集中的排污费资金和环境税收入支持一些目前国家急需，而科技部科技计划不能安排的重大环境科学研究项目和政策示范项目。同时应广开政府投入的资金渠道，建立国家环境保护基金和其他环境专项资金渠道，从源头上解决政府环境保护资金不足问题。

2. 合理划分中央与地方政府环境保护的事权与财权

1994 年的分税制改革造成了中央政府财政收入占全国财政收入的比重迅速提高，但财权上收的同时并没有相应地上调事权。现行的分税制只是解决了中央和地方财政收入的划分，而与财政支出密切相关的事权并未得到合理划分。按照我国环境保护的法规框架，地方对当地的环境质量负责，地方政府的环境事权是清晰的，但对应的财权并不完全配套。根据统计，地方政府支出约占全国支出的 70%，收入却只有约 50%。[②] 分税制改革给地方政府带来沉重的财政压力，加之转移支付制度不健全，导致全国很多地区的县、乡财政陷入困境。对于大部分地方政府，利用财政解决当地环境保护问题的能力十分有限。由此看来，中央与地方政府之间的环境保护事权划分不明确，导致地方环境保护财权不到位，地方政府没有足够的财力来履行环境保护职责。

政府的环境保护责任，应当遵循“一级政府、一级事权、一级财权、一级权益”的原则。政府环境事权的管辖范围应当与环境问题的影响范围相对应。对于跨区域的污染治理、历史遗留的环境污染以及国家重要生态功能保护区、自然保护区，应该是中央政府的环境事权。影响范围限于特定行政管辖区的环境问题，属于地方性环境服务，应该是地方政府的环境事权。中央政府与地方政府的环境保护事权划分是一个不断调整的动态过程。

3. 建立健全环境财政转移支付制度

我国区域间资源禀赋差异巨大，加上历史、自然、区位因素影响，区

① 苏明、刘军民、张洁：《促进环境保护的公共财政政策研究》，《财政研究》2008 年第 7 期。

② 齐晔：《中国环境监管体制研究》，上海三联出版社 2008 年版，第 134—136 页。

域间经济发展和财力水平存在很大差异。按照公共财政理论，公共服务、公共产品要向纳税人均衡地提供。中西部经济欠发达地区地方自有财力不足、环境保护历史欠账多。分税制改革后中西部经济欠发达地区地方财政困难比较大，环境投入资金严重不足。为实现环境公共服务、环境公共产品配置的均衡，需要实行环境财政转移支付。

目前，我国在“天然林保护工程”“退耕还草”“退耕还林”和湿地保护等方面实施环境保护和生态补偿，这是中央环境财政纵向转移支付的主要方式。而在横向的环境财政转移支付方面仍然处于空白状态，例如流域之间、行业与行业之间、区域与区域之间、经济主体之间仍未实施环境保护转移支付。建立健全我国的环境财政转移支付制度，建议改进我国条块分割的投资管理体制，所有中部和西部地区的国家级自然保护区和特殊生态功能区的保护与建设费用统一由中央财政支付。而且还要考虑适应四类主体功能区实现公共服务均等化的要求，在转移支付的标准、规模、结构、布局、种类等方面进行改革与创新。在中央财政纵向转移支付方面，今后一段时期需要继续加大生态补偿力度。

4. 进一步完善多方参与机制，多渠道筹集环保资金

我国现行的环境投入体制基本上是延续计划经济体制，环境保护责任及投资基本上由政府承担。虽然近些年我国政府不断拓宽投融资渠道，但仍未形成良好的投资效应。研究表明，中国60%以上的环境保护投资直接或间接来源于政府和公共部门投入，35%以上的环境保护投资来源于污染者（排污单位），政府和污染者以外的其他投资主体和商业化融资手段缺位或没有充分发挥作用，导致当前环境保护的投融资供给能力不足，远远落后于当前的实际资金需求。

环境保护资金仅仅依靠政府计划财政支持是十分有限的，还必须从社会、民间、企业和外资等方面拓展。公益性很强的环境基础设施建设、跨地区的污染综合治理以及环境管理部门自身建设和发展的资金应由政府投资。在城市环境基础设施领域，特别是在建设方面，目前政府必须发挥主导投资作用，但在设施的运营以及垃圾收集、转运等方面，可以全面实行市场化。近年来，在我国环保基础设施建设中，一种新的融资方式——BOT逐步得到运用。发行国债和市政债券、利用上市公司募集资金、利用外资、发行环保彩票将是新的环保投融资渠道。

四　改革环境管理体制提升地方环境监管权能

1. 重构环境监管体系，设立省级以下垂直监管体系

经过多年的持续改革，我国形成了中央统一管理和地方分级管理、部门分工管理相结合的环境管理体制。[①] 根据现行法律规定，我国实行的是分级负责的环境监管体制。国务院环境保护行政主管部门对全国环境保护工作实施统一监督管理。县级以上人民政府和环境保护行政主管部门是基层环境监管的主要负责机构，对本辖区的环境保护工作实施统一监督管理。对于跨行政区的环境污染和环境破坏的防治工作，由有关地方人民政府协商解决，或者由上级人民政府协调解决，作出决定。在我国现行的管理体制下，环境监管的主体参与不充分，环境监管的体制不顺畅，监管的能力也不足。地方环境监管机构在实施环境监管行为过程中容易受到地方政府不作为和地方保护主义的掣肘。公众参与和监督基本上还没有被纳入进来。刚刚起步的环保团体也很难在环境监管中发出声音。

为了破除地方保护主义对环保部门正常执法的干扰，完善地方环保行政执法的力度，促进区域环保行政合作，可以借鉴西方国家通过实行垂直管理协调环境管理专门机构与地方政府间的环境管理关系的做法。[②] 目前一些城市（如西安市）在试点环保垂直管理，试图将所辖区县的环保局改为市级环保局的派出机构，取得了一定效果。[③] 当然环保部门实行垂直管理还需合理配套的制度保障，具体包括中央与地方的事权、财权进行合理的界定与划分，垂直管理部门与地方政府之间的协调关系以及合理的绩效考核机制、环境部门与其他部门的职权界定等。

2. 进一步完善环保部门与地方政府其他部门间的部际协调机制

目前中国除了设置专门性的环境保护管理机构外，很多部委也承担与

---

① 白永秀、李伟：《我国环境管理体制改革的 30 年回顾》，《中国城市经济》2009 年第 1 期。

② 李金龙、胡均民：《西方国家生态环境管理大部制改革及对我国的启示》，《中国行政管理》2013 年第 5 期。

③ 唐冀平、曾贤刚：《我国地方政府环境管理体制深陷利益博弈》，《环境经济》2009 年第 3 期。

环保有关的职能，这必然增加环保主管部门与相关部委的权力冲突，造成体制上的混乱。[①] 以省一级环保局为例，环保局与国土资源厅、农林厅、海渔厅等资源管理部门之间存在一定的权力交叉；与发改委、经贸委、建设厅等经济建设部门之间存在一定的职能重叠。一旦出现责任问题，部门之间权责不清、缺乏可核查的责任追究机制。

实践证明，中央建立高层级的协调组织机构有助于环保部门与政府其他部门对环境保护事务的协同治理。美国设立的国家环境质量委员会，英国议会设立的皇家环境污染委员会，这种跨部门、高规格环境管理协调机构主要是为总统（议会）提供环境政策方面的咨询和协调各行政部门有关环境方面的活动。借鉴国外经验，在中央，我们可以成立国务院环境保护协调委员会，在地方也可设立专门的环境协调委员会，通过协调委员会就环保中的事项对环保部门与政府其他部门进行协调。

在地方设立专门的环境协调委员会，主任可由当地主管环保的副省长、副市长、副县长担任，成员则由各级政府的各局局长担任。协调部际关系的一项重要制度是部门联合会审制度。[②] 部门联合会审制度是指有关部门对涉及环境与经济的重大决策进行联合会审，协调处理环境保护与经济发展中的相关问题，确保重大决策在政策和法律依据等方面的准确性。部门联合会审制度主张各部门在制定重大经济政策、产业政策和建设重大项目时相互协调与配合。地方环境协调委员会通过部门联合会审制度可就环保中的协调事项展开充分讨论和论证，最后可以投票的形式对协调事项作出表决，而表决具有强制执行力（当然，重大事项则提交省、市政府集体讨论，但也必须作出决定）。另外，表决的结果必须交上一级环保部门备案，并由该上级环保部门监督执行。这样，协调委员会在协调地方的环境管理事务时可以发挥很大的作用。

3. 赋予地方环保部门更多的、强有力的、直接的执法权

地方各级环保部门的改革远没有跟上国家环保部门改革的步伐。多数地方环保部门在复杂的权力配置与利益分配关系中被边缘化。国家法律没

---

① 肖建华：《参与式治理视角下地方政府环境管理创新》，《中国行政管理》2012 年第 5 期。

② 肖建华、秦立春：《两型社会建设中府际非合作与治理》，《湖南师范大学社会科学学报》2011 年第 2 期。

有赋予环保部门更多的、强有力的、直接的执法权，使环保部门在具体的环境执法过程中感到力不从心。[①]

2014 年《环境保护法》赋予地方环保部门更大的执法权。环保部门应当利用法律赋予的权力和手段，将现场检查、查封、扣押等行政强制措施与行政拘留、按日连续计罚等行政处罚措施结合起来，更加有效地进行环境执法。2014 年《环境保护法》奠定了对污染行为的处罚基础，赋予环保部门更大的监管执法权力，但 2014 年《环境保护法》规定和完善的一些内容还须在相应的环保特别法中“落地”，才能让环保部门有效地运用这些权力。为了提升地方环境监管的权能，还需要进一步完善法规、细化实施办法和健全监管制度，真正实现“依法监管”。一方面，需修订相关环保特别法。另一方面，各地环保部门特别是有地方立法权的环保部门，应当充分利用地方立法权限，加快地方相关环境立法。

4. 加强基层环境监管机构的监管能力建设

近年来，随着国家对环境保护监管力度的加大和环保工作范围的扩大，基层环保工作任务成倍增长，但基层环保机构面临以下问题：人手少与任务重的矛盾愈来愈突出；人员素质低与监测事业发展要求高的矛盾愈来愈突出；乡镇无环保机构、监管能力薄弱，环保投入不足。[②] 可见，相对地方政府的环境监管职责来说，基层环境监管机构的监管资源远远不足，表现为环境监管机构不健全、基层执法条件差、人员经费和工作经费没有保障、监管人员专业素质参差不齐，难以保证基层环境监管的有效实施。[③]

支持和促进基层环境监管机构的监管能力的提高，一是各地应按照《全国环境监测站建设标准》《全国环境监察标准化建设标准》，促进各级环境监测、监察机构尤其是中西部地区县级环境监测、监察机构的达标建设，切实提高环境监管能力。二是落实“211 环境保护”科目，加大环境监管能力建设预算投入，保障环境监管能力建设资金“有渠有水”。在中

① 肖建华、游高端：《地方政府环境治理能力刍议》，《天津行政学院学报》2011 年第 5 期。

② 张厚美：《基层环保“弱”在何处?》，《环境保护》2009 年第 15 期。

③ 宋国君、韩冬梅、王军霞：《完善基层环境监管体制机制的思路》，《环境保护》2010 年第 13 期。

央财政投入的同时，地方各级财政部门要加大减排的投入，落实“科学的污染减排指标体系”“准确的减排监测体系”和“严格的减排考核体系”的建设所需资金，确保建设和运行资金到位。提高对地方尤其是县级环境监测、监察机构的补助水平。三是上级环保部门应按照基层监管的具体要求，对基层监管人员进行系统的培训，提高环境监管人员的专业素质，并通过提供具体的监管技术规范或模板规范及简化基层环境监管工作。

五　倡导公众和企业合作参与环境治理

政府、企业、公众是推进我国环境保护事业进程的“三驾马车”。“中国公众环保指数（2008）”显示，公众对政府、企业、公众个人的环保行为满意度有所上升，但“政府强势、企业忽视、公众漠视”的现象依然存在。①

政府与市场对环境问题解决的失败，产生了多中心环境治理的制度需求。简化政府的环境管制，建立多中心合作的环境公共产品供给机制；构筑公众参与的基础，促进公众富有意义地参与环境决策；引导企业走向环境友好，构建社会组织与政府、企业、民众之间的民主合作互动机制，实现社会组织与政府、企业、公众的民主合作互动将是倡导公众和企业合作参与环境治理的有效路径。

1. 简化政府的环境管制，建立多中心合作的环境公共产品供给机制

（1）简化政府的环境管制②

实现多中心合作治理的前提条件是简化政府的环境管制。简化政府管制绝不是否定政府在环境管理中的作用，相反是从更重要的方面强调政府在环境管理中的主导作用，即政府在环境政策上的宏观调控（包括环境立法和经济协调）与在微观上的公正裁决。政府环境管理部门要集中力量重点抓好宏观控制、综合决策、集中力量保证环境监督执法到位和公平。

---

① 顾瑞珍、丁可宁：《环保需要政府企业公众共同努力》，http：//www. china. com. cn/tech/zhuanti/wyh/2009-02/01/content_ 17202573. htm。

② 肖建华、邓集文：《多中心合作治理：环境公共管理的发展方向》，《林业经济问题》2007 年第 1 期。

（2）建立多中心合作的环境公共产品供给机制①

环境公共产品的多中心合作供给机制首先意味着在环境公共产品生产、环境公共服务提供方面存在着多个供给主体；其次意味着政府、市场的共同参与和多种治理手段的应用；最后意味着政府角色和管理方式的转变，即政府不再是单一主体，而只是其中一个主体，政府的管理方式也从以往的直接管理变为间接管理，政府更多地扮演了一个中介者的角色。

建立多中心合作的环境公共产品供给机制，首先应正确定位地方政府的环境管理角色。建立多中心合作的环境公共产品供给机制绝不是否定地方政府在环境管理中的作用，相反是从更重要的方面强调地方政府在环境管理中的主导作用，即地方政府在宏观上主要通过环境立法和经济协调的方式实现环境政策上的调控，在微观上主要是对环境冲突进行公正裁决。由此看来，我国地方政府的环保职能应进一步规范和收缩，其职能重点应体现在制定政策、加强监督和严格执法以及对环境权益冲突的公正裁决上。

其次，引入市场机制和多元化的环境公共产品供给主体。生态环境问题要得到有效的解决，除了政府的行政性治理，还需引入市场机制即通过产权的界定和形成合理的价格机制以保护稀缺的环境资源。当前我国地方政府一方面必须对政府垄断资源的方式进行改革，通过资源产权的改革，明晰环境资源的产权，同时完善环境资源的价格机制，使稀缺的环境资源得以有效地节约和保护。另一方面需要实施环境公共产品提供和生产的多元组合方式。在市场机制和多元主体供给模式中，纯粹公共产品类的资源环境产品，由政府直接提供和生产；准公共产品，如垃圾处理站的建设，由政府提供但并不一定要由政府生产，可以交由市场完成，由私人部门参与生产；对于在消费方面具有一定的可分性或排他性的准公共产品，最好由消费者付费或由市场生产。

2. 构筑公众参与的基础，促进公众富有意义地参与环境决策

（1）构筑公众参与的基础②

公众是环境保护运动的原动力和主体。但很多情况下，政府机构、商

① 肖建华：《参与式治理视角下地方政府环境管理创新》，《中国行政管理》2012 年第 5 期。

② 肖建华、邓集文：《多中心合作治理：环境公共管理的发展方向》，《林业经济问题》2007 年第 1 期。

业团体及其他管理机构不能向公众提供相关信息，公众参与并不容易。同时，公众也不清楚他们在环境决策方面的权力以及如何使用这些权力，不理解如何作出影响他们生活的环境决策。要解决这些问题，一方面管理机构要充分认识到公众参与的必要性，设立专门的人员和预算，使公众获取到清晰易懂的信息，同时增强公众的环境知识。对商业团体来说，它们要在公司行为上尊重公众利益，应采取清晰的环境报告体系，使公众可以获取信息，同时建立小区联络及服务。另一方面，增进公众参与环境决策的方法是为非政府组织（NGO）及其他民间社团的建立提供良好的基础，即通过新闻自由及信息法律自由使他们有条件获取更多的信息，同时承认他们有权代表自己的成员作出圆桌论坛的任何决定，还应承认甚至资助他们提供政府所未能提供的、满足小区需要的服务。

（2）促进公众富有意义地参与环境决策①

公众要保护自己的环境生存权，关键是能够参与地方政府环境与发展的决策过程。如果让公众直接对影响自身生存和安全的环境问题行使决策权，有助于实现公众对地方政府的监督，完善地方政府环境保护与经济发展的综合决策。

当前促进公众参与环境决策，首先要扩展公众的环境知情权。公众行使环境决策权力的前提条件是拥有环境知情权。因此，政府应为公众参与环境决策创造条件，包括公布环境状况、有关建设项目的信息以及召开听证会等，进一步拓展环境信息公开的广度和深度，帮助社会公众搜集相关信息。

其次，完善环境影响评价的公众参与机制。环境决策领域的公众参与多在环境影响评价中进行，各地在作出“招商引资”决策时，应由相应的商议性机构认真主持环评听证会，而不能只是由地方党政官员说了算，和招商引资决策有利害关系的主要利益相关群体应被邀请参加。在环评听证过程中，有关企业的布局对周边环境可能造成的不良影响、建设项目的立项选址的方案，主要利益相关群体应该有权利与机会、渠道进行讨论，提出建议。

① 肖建华：《参与式治理视角下地方政府环境管理创新》，《中国行政管理》2012 年第 5 期。

最后，通过社区和环境非政府组织提升公众参与环境决策的效率。从国外经验看，社会组织特别是社区和环保非政府组织在环境数据调查、立法建议、环境政策监督等方面发挥了重要作用，社区和环保非政府组织已成为公众参与环境决策的一种有效的组织方式。目前我国的社区群众自我管理、共同参与环境保护基本处于起步阶段，特别是建立非政府的环保组织还缺少适当的组织模式，亟待加以培育和发展。这需要政府从法律、制度、参与程序和具体管理规则等方面积极培植、扶持和引导其发展。

3. 引导企业走向环境友好

当前中国正处于经济转轨、社会转型的关键时期。资源节约型、环境友好型社会的构建已经成为中国现代社会发展的关键，作为社会的基本组织和市场经济重要主体的企业是“两型”社会主要的参与主体，扮演着重要的角色。

国内学者以历史的视角将西方国家企业环境友好运营的演进过程分为四个阶段[①]：环境忽略、环境被动、环境适应、环境友好。纵观西方企业环境友好运营的演进过程，我们可以清楚地看出，西方国家企业环境友好行为的引导机制与逻辑顺序：环保主义者、政府、消费者是企业环境友好行为的重要引导主体，其中环保主义者的环保宣传和教育影响政府和公众的态度和行为；政府严厉的法规威慑迫使企业被动实施环境友好行为；政府的市场激励规制诱导企业主动实施环境友好行为；趋于严格的环保法规、健全的市场激励规制和公众的绿色消费触发企业采取环境友好行为。

借鉴西方国家企业环境友好行为的引导机制与逻辑顺序，结合我国“两型”社会建设的具体国情，提出企业环境友好行为的引导路径[②]。

第一，扶持环境非政府组织的发展，扩大环保主义者的影响力。

从西方企业环境友好运营的演进过程看，环保主义者通过社会组织特别是非政府组织在环境宣传教育、立法建议、环境政策监督等方面对政府、公众的态度和行为发挥了重要的影响。我国众多的环保民间组织已开始逐步进入环境立法、环境决策、环境执法等领域。但我国目前还没有专

① 赵宝菊：《论“环境友好型企业”的历史演进》，《科学学与科学技术管理》2007 年第 12 期。

② 秦立春、谢宜章：《两型社会建设中企业环境友好行为的引导路径》，《江西社会科学》2014 年第 6 期。

门的有关环境保护非政府组织的法律规范，环保非政府组织的法律地位缺失，政府主导色彩浓厚。非政府团体、非官方媒体以及政府权力结构体制之外的力量依然难以取得话语权。另外，受非政府组织数量、规模、资金的影响，非政府组织在环境保护中的作用与发达国家相比显得十分有限。①

为了充分发挥非政府组织在我国环境保护中的作用，首先，应该制定专门的、综合性的社团组织法。借鉴国外的经验，对非营利性的环境非政府组织可以采取备案制度，从而在法律层面上对其准入门槛、核准登记条件等加以放宽。同时应明确环境非政府组织的法律地位，应当在环境保护基本法中明确规定环境非政府组织在立法、执法与环保监督等方面的参与权，并赋予环境非政府组织诉讼权。

其次，由法律规定政府在促进环境非政府组织良性发展方面的义务，政府部门应该通过各种渠道给予环境非政府组织政策上的扶持和帮助，加大对环境非政府组织资金与人员的援助。建立广泛筹集资金机制，建立健全环境非政府组织发展所必要的人事和财务制度。对于环保成绩突出的民间环保组织或者个人，政府应当给予奖励和表彰。②

第二，严厉惩处环境违法行为，威慑企业遵守环境法规。

目前，发达国家的企业正在从环境适应阶段向环境友好阶段过渡，而中国的企业还处于从环境忽略阶段过渡到环境被动阶段的初期。在环境被动阶段，西方国家通过制定严格的法律法规，严厉惩处环境违法行为，许多企业迫于威慑被动性迎合政府环保法规要求。

必须加大惩戒力度，提高环境违法成本，充分发挥经济处罚的威慑作用。对造成严重污染后果的企业违法行为，积极采取停产整顿、市场禁入或追究刑事责任等手段。另外，增进环境规制机构的监督处罚能力。主要在资金、技术和人员方面为环境规制机构提供所需的配备，同时加强对环境规制机构的监督。

第三，完善市场激励规制，驱动企业开展环境技术创新。

---

① 李艳芳：《公众参与环境保护的法律制度建设——以非政府组织（NGO）为中心》，《浙江社会科学》2004 年第 2 期。

② 曹宏、安秀伟：《中国环境 NGO 的发展及其环保实践能力分析》，《山东社会科学》2012 年第 9 期。

不可否认，政府管制依然是驱动企业加强环境管理的外部主要因素之一。然而，20 世纪 80 年代末以来，基于市场的激励性工具鼓励污染者以市场信号为导向进行决策，而不是通过政府制定明确的污染控制水平或方法来规范人们的行动。随着市场化导向工具的更多开发与利用，排污行为与企业经济利益密切相关。经济利益为企业的技术创新提供了持续的激励机制。可见，市场化导向工具最大的特征是能够促进污染防治技术的创新和扩散，在整体上形成低成本高效率的污染防治体系。

当前，我国的环境管理多以行政性手段为主，对于经济手段的运用仍处于起步阶段，距推广实施还有很长一段距离，已经实施的环境经济政策也带有浓厚的行政色彩。① 完善我国市场激励规制，驱动企业开展环境技术创新，首先必须改革排污收费制度。当前我国的排污收费标准偏低，企业宁愿交排污费也不愿治理污染，同时只对超标的排污收费难以控制污染总量。因为排污收费体制自身存在的重大缺陷，使得其对水和大气污染的总量控制、消费品污染问题等一直难以有效解决。实行排放污染物总量申请收费制度、提高排污收费标准将是中国排污收费制度的改革方向。从 2018 年 1 月 1 日起《环境保护税法》正式施行，依照该法规定征收环境保护税，不再征收排污费。环保税实施以来，在正向引导和反向倒逼作用下，促使企业节能减排、转型升级。为了做好环保税税源管理，提高征管质效，当前除纳税人自觉申报外，部门协作、信息共享是关键。各级税务机关应深化与财政、住建、生态环境、农业农村等相关部门的配合，完善多部门协作机制，探索对固体废物综合利用、污水和生活垃圾集中处理、建筑施工扬尘等领域的环保税征管措施。为实现涉税信息互联互通、共享共用，更好地发挥绿色税收的杠杆作用，税务部门应搭建起高效的“环保税协作共治平台”，打通“税务向环保提请、环保向税务反馈”两个关键通道，不断完善网络化监管新格局。各级税务和生态环境部门应通力合作，有效实现污染源自动监测信息、监督性监测信息、排污许可信息、行政处罚信息交换，特别是应税污染物种类、污染物排放量和排放浓度值等关键涉税信息的传递，保障数据交换的及时、准确和完整，为环保税申报

① 马强等：《我国跨行政区环境管理协调机制建设的策略研究》，《中国人口 · 资源与环境》2008 年第 5 期。

数据比对、分析及后续各项管理工作提供信息支撑。排污权交易政策属于积极创新的市场型环境管理手段。然而，排污权交易制度要取得成效，至少需要满足两个先决条件：一是完善的市场机制，二是精确的点源监测技术。再次，随着我国市场机制的逐步完善、环保规制机构掌握精确的点源监测技术，逐渐推行排污权交易政策。

第四，倡导社会公众绿色消费，倒逼企业生产绿色产品。

作为一种高层次的理性消费，绿色消费体现了人类崭新的道德观和价值观。消费者的消费意识直接影响企业的环境管理。消费者绿色消费意识的提高会促使企业实施绿色战略，千方百计生产和制造符合绿色消费要求的产品，因为企业的一切行动始终以消费者的需求为准则。

近年来，我国国民的绿色消费意识有所增强，但与发达国家相比，我国国民的绿色消费意识有待进一步提高。当前，倡导我国社会公众绿色消费，首先应制定专门的《政府绿色采购法》。许多国家都有政府绿色采购方面的法律法规，如日本专门颁布了《绿色采购法》、韩国颁布了《鼓励采购环境友好产品法》。其次是借助家庭、单位、社区、学校等载体加强绿色消费教育，进一步普及社区和消费者的绿色消费意识。再次是政府应制定促进绿色消费的政策，诱导消费者树立绿色消费观并进行绿色消费。如日本大阪，市民交够一定数量的牛奶盒即可免费购买一定金额的图书。最后是完善绿色消费立法。

第五，重塑企业环境伦理文化，引导企业走向环境友好。

企业环境友好行为是企业从被动性环境管理到主动性环境管理的演变过程。有学者的实证研究结果显示，拥有较高企业环境伦理的企业更倾向于实施主动性环境管理策略。[①] 企业将环境伦理内嵌于企业文化中并获得持续的竞争优势，企业从上到下才会自觉地强化企业环境管理。池田大作认为，广泛普及伦理意识，使正确的价值观念扎根于每个人的精神之中，并把它传给子孙后代，只有这样，才有可能再构人类与自然的均衡。

与国外企业内部逐渐清醒的可持续发展观相比，我国企业的环保责任意识欠缺得太多。由于缺乏可持续发展的社会责任，企业没有自觉控污减

---

① 黄俊、陈扬、翟浩淼：《企业环境伦理对于可持续发展绩效的影响：主动性环境管理的前因和后果》，《经济管理》2011 年第 11 期。

排的意识，在很大程度上加剧了我国环境与资源的压力。引导企业走向环境友好，重塑企业环境伦理文化，需要加强企业的环境伦理教育。当前尤其需提高企业领导者的生态伦理意识，以使企业从战略管理的高度，树立绿色发展战略。除了加强企业的环境伦理教育，我们还需要将企业环境信息公开、企业环境责任追究和市场准入、企业环境行为评价、企业环境友好激励等方面的工作结合起来，引导企业逐步建立强烈的社会责任意识，建立自觉的、自愿的保护环境意识。

环保主义者、政府、消费者应协同引导企业走向环境友好。引导企业走向环境友好是一个动态的循序渐进的过程，当前我国应在扶持环境非政府组织的发展、严厉惩处环境违法行为方面重点发力。随着我国环保法规的完善和严厉执行，以市场为基础的经济激励型环境规制将成为重要的引导手段。衡量企业是否走向环境友好，关键看社会公众是否形成绿色消费、环境伦理是否内嵌于企业文化中并获得持续的竞争优势。社会公众的绿色消费意识的培育、企业环境伦理文化的重塑将从根本上引导我国企业走向环境友好，同时也任重道远。

4. 构建社会组织与政府、企业、民众之间的民主合作互动机制

（1）社会组织合作参与生态环境治理的理论阐释

合作治理（Co-governance）是除科层治（Hierarchy-governance）、社会自治（Self-governance）之外的人类社会的第三种治理模式。① 合作治理的实质是国家与社会对公共事务的合作管理。社会组织正是由于沟通国家与社会的组织特性成为参与生态环境治理不可或缺的主体，这是因为：其一，社会组织有参与生态环境治理的动力。所谓的社会组织，是与非营利组织、民间组织、志愿组织或第三部门在同一意义上使用的，其实质是“通过志愿提供公益”的非政府组织（NGO）或非营利组织（NPO），主要包括社会团体、基金会、民办非企业单位及各种草根组织等。从组织性质来看，社会组织是以满足公众的或者社会的需要为使命，而不以营利为目的的具有志愿性和自治性的介于政府与市场之间的组织形态。生态环境治理具有准公共物品的性质，社会组织与政府一样都服务于社会公共利益，这就使得社会组织有动力参与生态环境治理。而企业组织以追求利润

① J. Kooiman, *Governing as Governance*, London: Sage Publication, 2003, pp. 79-131.

最大化为导向，缺少参与生态环境治理的本能动力。其二，社会组织有参与生态环境治理的能力。由于社会组织的社会性、组织性、民间性和相对独立性，能吸纳来自社会的公益或共益资源，从而有效克服“政府失灵”和“市场失灵”。加之社会组织拥有广泛的民众基础和一定的专业技术优势，通常与政府有着千丝万缕的联系，这使得其既能影响环境决策，使公共政策更多反映多元主体的共同利益和共同价值，又能监督决策执行过程，有效约束公权力的扩张，维护环境公共利益。

那么，合作治理中，社会组织与政府是一种什么关系呢？社会组织参与公共事务管理又发挥一种什么样的作用呢？对合作治理的内涵，笔者比较赞同一种观点，即合作治理不只是国家与社会之间自由而平等的合作，它也包括以政府为主导的政社合作。据此，合作治理可分为权威型合作和民主型合作两大基本类型。[①] 依据社会组织参与的地位和作用及其与政府的关系可分为参与权威型合作模式和参与民主型合作模式。在参与权威型合作型模式中，政府与社会组织是一种“权威—依附”的合作关系。公共政策的制定、执行和监督，仍主要以政府为主导，自上而下地权威性实施，社会组织的参与起着辅助、支持、服务政府的作用。社会权力很难有效地介入公共政策的过程中，而社会组织的参与或公共利益表达的意识和能力还较弱，在公共政策过程中缺少一种平等沟通协商的对话平台。但相对于传统以政府为单一主体的权威治理模式而言，具有明显的优越性。社会组织从政治体制外吸收和整合社会资源弥补传统模式的缺陷与不足，有助于化解“不可治理性”问题。

在参与民主型合作模式中，政府与社会组织是一种“民主—平等”的合作关系，其主体结构突破了传统“中心—边缘”的模式，趋向于平等协商的合作结构。“民主治理视角下的合作行动作为一种设计的结果，不同于危机设计的命令型合作，也不同于理性设计的纪律型合作和渐进设计中的协作型合作，而是一种回归政治平等的协商型合作。”[②] 政府要为社会组织的平等参与创造一种民主规范，从而使社会组织与政府通过协商

① 唐文玉：《合作治理：权威型合作与民主型合作》，《武汉大学学报》（哲学社会科学版）2011 年第 6 期。

② 孔繁斌：《论民主治理中的合作行为——议题建构及其解释》，《社会科学研究》2009 年第 2 期。

对话和联合行动，把政府治理与社会组织参与有机结合起来，实现治理的风险共担与责任共享。

在生态环境治理中实现政府与社会组织的合作共治无疑有助于提升政府民主治理能力，实现社会治理创新。

（2）构建社会组织参与生态环境共治的民主机制

党的十八届四中全会通过的《中共中央关于全面推进依法治国若干重大问题的决定》中多次提到“社会组织”，对建立健全社会组织参与社会公共事务、维护公共利益的作用机制和制度化渠道提出了新要求。为更好地发挥社会组织的参与作用和促进社会组织的健康发展，社会组织参与生态环境共治的实质性和长效性机制的构建与运行迫在眉睫。

社会组织参与生态环境共治的民主机制实质是社会组织与政府、市场、公民在参与环境公共事务合作治理、促进社会公共利益中相互作用的民主关系、过程和方式。所以，社会组织与政府、市场、公民等多元主体民主互动是重要的构成要素。但多元互动并不意味着政府、市场和社会之间的界限消失，而是意味着它们是可以相互融合共存的。

首先，实现社会组织与政府的民主合作互动。一方面，目前我国社会组织自身发展并不成熟和规范，社会组织参与并不意味着否定政府作为生态环境治理的主导地位，而是要减少政府对社会组织的过多行政干涉，给予社会组织相对独立自主的发展空间，以获得平等参与生态环境共治的主体地位。同时政府要进行资金支持、税收优惠等政策扶持和引导，尊重其主体性。加强社会组织立法，健全内部管理制度，对社会组织依法规范、引导和监督，促进其健康和可持续发展。另一方面，也要构建政府与社会组织之间的民主协商、相互监督等机制，形成与国家建制相抗衡的社会自发组织力量，促进公民社会发展，弥补“政府失灵”。健全社会主义协商民主制度，构建政府与社会组织之间的民主协商机制，发挥社会组织在立法协商、行政协商和社会协商中的作用。正如党的十八大决定中所指出的：“健全立法机关和社会公众沟通机制，开展立法协商，充分发挥政协委员、民主党派、工商联、无党派人士、人民团体、社会组织在立法协商中的作用，探索建立有关国家机关、社会团体、专家学者等对立法中涉及的重大利益调整论证咨询机制。”对于行政协商，可借鉴我国台湾地区的做法，在制度上赋予一定资质的环保组织旁听国家环保主管部门会议的权利，并享有发言的权利，然后将环保组织的权利扩大到省市地方一级的环保部门，使社会组织与政府部门的协商合作关系制度化。①

其次，实现社会组织与企业的民主互动。政府、社会组织、企业是当前社会治理的三大支柱。但追求利润最大化的企业很难有参与生态环境治理的内在动力，并且企业违法排污成本低是造成目前我国生态环境污染形势严峻的重要原因。社会组织可以作为引导企业参与社会服务的桥梁，通过观念倡导、政策宣传、媒体监督等形式引导企业组织积极了解政府的政策导向，遵循法律法规；通过扩大社会信誉度，增强企业社会责任感，使企业形成多领域参与生态环境污染防治的激励机制，如通过参与政府购买服务等形式提供生态公共服务，参与生态环境污染的第三方治理，参与环境信息公开方案和环境质检标准的制定等。同时，要推动行业协会、商会类社会组织的发展，支持其对成员企业实施生态环境污染自律管理和生态环境污染防治行为导引，提供专业的生态公共服务。企业也可以向社会组织捐赠的方式支持社会组织发展间接参与社会服务，并增强对社会组织的信任，培育社会资本，共谋环保和发展。

最后，实现社会组织与社会民众的民主互动。社会组织是公众参与公共政策的组织化载体。社会组织要通过项目调查、公众举报、会员反映等多种途径方式深入了解和密切关注公众的环境利益诉求，努力保障弱势群体的话语权，充分地反映民情民意、推进公共利益的实现。社会组织也要加强与不同地区宗旨相近的社会组织相互合作，凭借自组织联盟的力量，增强社会组织的影响力。同时，公众通过会员式的参与、提供会费等社会资金支持社会组织发展，监督社会组织自身规范管理。针对流域周边农村环境治理，村民可以自发成立“农村环保合作社”，提高公众的环保参与意识和能力。例如，“绿色潇湘”是湖南省唯一关注湘江全流域环境问题的民间公益组织，倡导湘江流域水资源保护和公众环境意识，通过“发展线人”“四水守望者”“快反行动小组”“绿行周末”等行动，密切与社会组织、公众联系，搭建公众知情和行动的平台。2014 年，与湖南绿色发展研究院、公众环境研究中心等合作发布《2013—2014 年湖南省污

---

① 黎尔平：《针灸法：环保 NGO 参与环境政策的制度安排》，《公共管理学报》2007 年第 1 期。

染源监管信息公开指数（PITI）评价报告》，有效吸收整合社会的志愿性资源参与流域污染防治监督。

为了实现社会组织与政府、企业、民众之间的民主合作互动，其一，政府要转变观念，明确社会组织参与生态环境污染共治的民主价值导向。理念是行为的先导。生态环境污染治理属于社会公共事务，离不开政府环境行政，但同样也离不开民主参与，这是西方国家环境治理的普遍理念。我国传统环境治理模式过分依赖政府，从本体论上说是一种自上而下以政府为单一主体的管理行政模式，在认识论上体现了环境理性主义价值取向，[①] 我国传统环境治理重末端治理、靠政府强力推动，缺少民主规范、忽视民众的参与，是典型“运动式治理”。这不仅直接影响污染防治的有效性和公平性，而且从长远来说会影响到国家治理的现代化。

为此，政府要转变观念，认识到作为单一主体的传统环境治理模式的弊端，清晰地认识社会组织参与环境污染共治对实现民主合作治理的重要性，消除对社会组织参与作用的“疑虑心态”和对社会组织参与能力的“疑惑心态”。社会组织作为公众有序参与环境污染防治的组织化载体和制度化形式，其参与是实现环境治理民主化的有效途径。这不仅将扩宽民意表达和民主协商的空间，同时也充分发挥社会组织参与民主决策、民主管理、民主监督的功能和作用，从而实现政府与社会的良性互动。令人欣慰的是，2013 年实施的《湖南省湘江流域保护条例》是我国首部关于江河流域保护的综合性地方法规，该条例明确提出湘江流域治理要“实行政府主导、公众参与、分工负责、协调配合的机制”。这对社会组织的民主参与具有积极的启示意义。

其二，应逐步完善社会组织参与生态环境污染共治的民主过程机制。民主参与的实现依赖设计精良的过程机制。社会组织有效参与环境污染共治还需完善以下几大过程机制。

第一，完善环境与政策信息的知情机制。完善环境信息公布制度、环境影响评价制度等相关制度，促使地方政府及其环境主管部门定期公开有关环境信息和污染防治政策动态、企业公开污染物排放状况信息，从而为

① 虞崇胜、张继兰：《环境理性主义抑或环境民主主义——对中国环境治理价值取向的反思》，《行政论坛》2014 年第 5 期。

社会组织参与环境污染防治提供必备前提。

第二，建立环境综合开发决策的利益表达机制。环境综合开发决策的利益表达机制要求政府在进行重大决策时，应当兼顾经济与环境的综合利益，同时要求利益相关者的参与，通过民主参与和协商对话，协调各种利益冲突，促进环境正义和民主。这需要完善地区性与专题性协商会、联席会议、决策听证会、网络论坛等协商对话形式，建立电子治理平台、构筑大众传媒的公共话语空间，为社会组织及利益相关者参与政府决策过程创造良好的制度平台。

第三，推动落实环境公益的诉讼机制。我国 2015 年实施《环境保护法》第 58 条规定“依法在设区的市级以上人民政府民政部门登记；专门从事环境保护公益活动连续五年以上且无违法记录”的社会组织，“对污染环境、破坏生态，损害社会公共利益的行为”，“向人民法院提起诉讼，人民法院应当依法受理”。社会组织的环境公益权既是对环境违法行为的追究，又是对环境受害者的司法救济，也是社会组织代表公众参与环保的民主机制。目前我国社会组织在获得诉讼主体资格上已迈进一大步，需要进一步提高社会组织环境公益诉讼能力、克服地方保护和司法行政化等问题，为我国环境公益诉讼夯实立法和司法基础，拓宽社会组织参与环境监督的新渠道。

第二节　创新地方政府环境治理政策工具和技术政策体系

一　组合选择符合地方实际的环境政策工具[①]

政策执行的核心在于选择和设计有效的工具。地方政府选择合适的政策工具，可以起到事半功倍的作用；反之，将不得不承受由于环境破坏和资源耗竭而给我们带来的灾难性后果。[②] 国内外学者普遍认为任何单一的

① 肖建华：《两型社会建设中地方政府环境政策工具的选择》，《中共天津市委党校学报》2011 年第 1 期。

② ［瑞典］托马斯·思德纳：《环境与自然资源管理的政策工具》，张蔚文、黄祖辉译，上海人民出版社 2005 年版，“译者序”。

政策工具都无法有效解决某一公共问题，多种工具的组合运用是当前及未来政策工具选择的主要形式。环境政策的制定并不是在命令—控制型工具和市场化工具之间进行简单的选择。为了同时满足多个目标（例如效率、可持续性和公平分配），通常需要政策工具的结合使用。①

1. 我国地方政府政策工具的动态组合选择

影响政策工具选择的因素有很多，例如政策工具的特性、待解决问题的性质、政府在过去处理类似问题的经验、决策者的主观偏好、受影响的社会群体的可能反应等。迈克尔·豪利特和 M. 拉米什提出了政策工具选择的综合模型。政策工具选择的综合模型显示，根据政府能力和社会能力的变量，应采取的政策工具有所不同。例如，当存在一个“强政府”与一个“弱社会”时，较宜选择管制性工具；而当情况正好相反时，则最好抛弃管制性工具，转而采取自由市场和自愿性工具。当同时存在“强政府”和“强社会”时，自由市场和自愿性工具可以被用作主流工具，而辅之以少量的管制性工具；当同时存在“弱政府”和“弱社会”时，信息工具将会是最优的选择。

改革开放以前，我国社会呈现发育程度较低、分化速度缓慢、具有较强同质性等特点。社会的政治中心、意识形态中心、经济中心重合为一，社会资源和权力高度集中，国家具有很强的动员和组织能力。在这个时期，我国政府倾向于采取直接提供、设立公共企业和管制等强制性工具。改革开放后我国进入了一个利益分化的时代，从一个同质性较强的社会逐渐演变为一个异质性较强的社会。并且，在改革开放后，我国政府能力呈相对下降趋势。在这种情况下，政府在公共管理过程中采取的政策工具由设立公共企业、直接提供等强制性较高的工具转变为强制性较低的混合性工具和自愿性工具。

2. 我国地方政府环境政策工具的本土化组合选择

托马斯·思德纳认为，环境政策工具的多样性与总体经济政策的变化是密切相关的。发展中国家普遍采用实物规制，它被看作环境政策制定的起点。不过对于那些制度缺乏的国家而言，就不太适合了。规制是很复杂

① ［瑞典］托马斯·思德纳：《环境与自然资源管理的政策工具》，张蔚文、黄祖辉译，上海人民出版社 2005 年版，第 503—504 页。

的，因为污染排放在不断地变化，要对其进行测量是很困难的，即使是点源污染也不例外。如果环保部门人员严重不足，条件较差，并且几乎没有能力购置监测设备，或者人员素质不高，收入水平很低，那么欺诈性游说甚至腐败就会大量出现。考虑到这些国家一般都采取了鼓励工业化和吸引投资的政策，加上执行起来非常困难，所以实物规制政策并不是一种有效的环境政策工具。[①] 发展中国家的经历也表明，当政府给企业提供了相关的建议，并给予它们足够的时间来进行灵活调整时，这些温和的经济或信息政策可能是比较有效的。采用大量的收费或禁止政策将会导致对抗和欺诈行为，甚至对簿公堂。相反，少量的收费加上政府的帮助和信息公布，将会促使人们自觉地从事减污方面的努力。

近年来，随着人们环境意识的加强、市场机制的逐步完善，生态环境问题的进一步突出以及政府功能定位的改变，命令—控制型管制在解决复杂的现代生态环境问题方面难以满足生态环境保护的更高要求，已暴露出愈来愈多的局限性。这些局限性本身为生态环境政策领域引入更多的经济手段、协议式或信息公开提供了良好的契机。但市场化工具的有效运行需要成熟、完备的外部环境支持，而其中的某些关键要素，目前我国还难以达到，如比较完备的市场机制、强大的法律结构保障及成熟的监测技术。经济激励手段的有效发挥受到环境基础设施等外部环境的限制，这些问题的解决必然将显著增加行政成本，就成本效率而言也是较低的，在短期内恐怕也难以得到很好的执行。从执行成本和时间效率来看，自愿环境工具和信息工具无疑是最佳的方案。因此，将自愿工具和信息工具作为企业传统非自愿管制方法的一个有力补充工具，并非完全替代传统的环境管制方法，形成一个强制性较低的混合性工具和自愿性工具、信息工具优化组合的环境管制体系，可以作为当前地方政府环境政策工具选择的一个重要导向。随着我国市场经济的发展，未来环境政策工具的组合选择必然是自由市场和自愿性工具被用作主流工具，而辅之以少量的管制性工具。

政策工具不可能在真空中起作用，而是对整体的政策环境有很强的依赖性。当前地方政府环境政策工具的选择一定要与制度、技术因素的现状

---

① ［瑞典］托马斯·思德纳：《环境与自然资源管理的政策工具》，张蔚文、黄祖辉译，上海人民出版社 2005 年版，第 101 页。

及其变化趋势相适应，不同地区根据不同实际情况，相应选择环境管制政策工具。由于我国幅员辽阔，地区之间经济条件、技术制度条件均存在较大差异，因此，现阶段，在外部制度技术因素既定的情况下，我国的环境规制工具不能全面推广诸如可交易排污许可证、排污税等经济规制工具，而应分不同地区不同行业加以综合运用。在东部经济发达地区，资本技术水平较高，法规制度健全，监管成本不确定性相对较低，企业提高控污效率的能力与可行性较强，因此可以选择性的运用经济规制工具，同时社会规制工具加以辅助。在西部以及经济欠发达地区，由于中小企业比例较大，技术监督水平滞后，还是应以政府统一规定排放标准的社会性管制措施为主，同时严格惩戒力度，切实遏制中小企业只注重眼前利益的乱排滥排现象，以保证当地环境的可持续性发展。①

如果没有必需的经济、法律和技术上的制度能力，以及一个合适的社会环境的支持，无论基于经济激励的规制工具还是其他规制工具都难有作为。而这些能力在发展中国家通常是十分有限的。因此，为了达到保护环境的目的，基于经济激励的规制工具和其他规制工具，都必须与现有的社会情况和制度相匹配，而且在应用它们的同时也必须进行制度能力建设。②

二 完善我国环境技术创新政策体系

环境技术的创新和扩散是一项复杂的社会系统工程，需要政策体系的配套服务。中国现行环境技术政策体系抑制环境技术的创新和扩散，为有效推动我国环境技术创新，笔者提出构建我国完善的环境技术创新政策体系的对策。

1. 综合运用财经政策激励环境技术创新

发达国家为了鼓励环境技术的研究开发和产业化，采取财政补贴、税收减免、低息贷款、折旧优惠、环境奖励、政府采购等经济激励政策。当前我国政府应充分借鉴这些国际经验，结合本国的实际国情，利用庞大的政府资源，设计出一整套持续的、有效的绿色财政政策，来鼓励我国的环

① 宋英杰：《环境规制、行政控制还是市场调节》，《滨州职业学院学报》2006 年第 1 期。

② 马士国：《环境规制工具的选择与实施：一个述评》，《世界经济文汇》2008 年第 3 期。

境技术创新。政府部门应健全各种保障机制，确保环保科技投入的不断增长。鼓励并引导企业树立绿色经营理念，勇于在环境技术的研发上投入，并在已有技术的选择上，尽可能采用环保节能的绿色技术成果。加强对员工的绿色教育，使员工意识到绿色技术创新的重要性。

2. 建立和完善环境技术创新的相关法规和措施

合理的环境技术政策、计划和法规可构造一个最适宜环境技术商业化和产业化的大环境和大气候，有效推动我国环境技术创新。要更好地加速我国环境技术的发展，必须加强环保标准、法规的建设，加强环境执法力度。另外，政府部门应制定和执行有利于环境技术成果产业化的政策、法规。特别是应运用法律法规手段，建立鼓励环境技术创新的知识产权保护制度。根据《巴黎公约》和 TRIPS 协议的专利强制许可制度，为了保护环境，防止和消除环境污染，可以利用强制许可制度对发达国家有关环境保护的先进技术予以利用。

3. 集成各方力量建立环境技术创新融资机制

环境新技术具有开发投入大、周期长、盈利低等特点，既不可能单纯依靠政府的资金支持，也不可能完全依赖市场的自发行为，必须把两方面的积极性集成起来，建立全新的环境技术创新机制。一方面，由政府直接筹措资金，建立针对企业的专门环境新技术创新融资渠道，同时将现有的“环境保护专项资金”更多地用于针对企业从事该类技术创新的贷款补助和贷款贴息；另一方面，筹措社会资金，建立企业进行环境新技术创新的商业性融资扶持机制。

4. 培育和规范环境技术市场，推进环境技术的研究、开发与扩散

高度市场化的发达国家，始终注重环境技术市场对环境技术成果产生和转化的导向与推动作用。当前培育和规范我国环境技术市场：一要建立环境技术认证制度、环境技术市场行为规范、环境技术交易管理制度等环境技术市场运行规则和市场管理办法，规范技术市场主体的行为；二要建立环境技术的供求信息网络，架起技术研究者、开发者与使用者之间的联系桥梁，促进供需双方的动态均衡。

5. 支持企业成为环境技术创新的主体

企业是技术创新的主体，企业应积极投入环境技术的研发，有效利用国内外已有成果。企业能否以及如何推进环境技术创新，很大程度上取决

于政府的引导和激励。要增强我国企业技术创新的动力和活力：一要设置环保基金，引导企业成为研究开发投入的主体；二要加快现代企业制度建设，增强企业技术创新的内在动力；三要改革科技计划支持方式，支持企业承担国家研究开发任务；四要完善技术转移机制，促进企业的技术集成与应用；五要营造良好的创新环境，扶持中小企业的技术创新活动。

6. 改革环境技术创新的组织体系，推动产学研合作

当前，我国形成了政府、高校、企业和创新中介组织共同参与的多主体、多层次的复合型环境技术创新组织体系。虽然我国环境技术创新组织体系已初步建立，但运作效率比较低下。我国倡导的“产、学、研结合”模式在实际运作中存在一系列问题。

为推动环境技术创新的产学研合作，应从以下方面对环境技术创新的组织体系进行改革。第一，应建立产学研合作的激励机制。政府可向产学研合作申报者倾斜、政府可设立产学研合作专项资金、构建专门的环境技术创新产学研合作交流平台。第二，建立产学研合作的利益分配机制。固定报酬、提成支付、混合支付和按股分利是产学研合作的利益分配机制。第三，建立产学研合作的约束机制。约束机制为产学研合作研究提供法律保障，保护产学研合作三方的权益。政府应加快环境技术创新合作机制的相关法律的建设与完善工作。第四，建立产学研合作的风险分担机制。政府部门应扶持建立一批环境技术风险投资机构来承担环境技术成果研究、开发和产业化过程中的风险。

7. 建立和健全完整的、科学的、系统的环境技术管理体系

技术手段对实现污染减排目标和国家环境保护目标具有重要作用，[①]为推动环境技术管理体系建设，原环境保护部科技标准司于2007年编制完成并发布了《国家环境技术管理体系建设规划》，该规划的发布，标志着我国环境技术管理体系建设工作迈出了坚实的一步。《国家环境技术管理体系建设规划》明确提出了我国环境技术管理体系基本框架（见图7-1）。

“十一五”期间，我国环境技术管理体系框架已完成构建，重点行业

① 孙宁、蒋国华、吴舜泽：《国家环境技术管理体系实施现状与政策建议》，《环境保护》2010年第15期。

技术指导文件也相继开展编制工作，并在部分行业实现了覆盖；技术评估制度也在不断建设，技术示范推广机制处于起步阶段。[①] 当前我国在环境技术管理方面相对薄弱，尚未形成完整的、科学的、系统的环境技术管理体系。

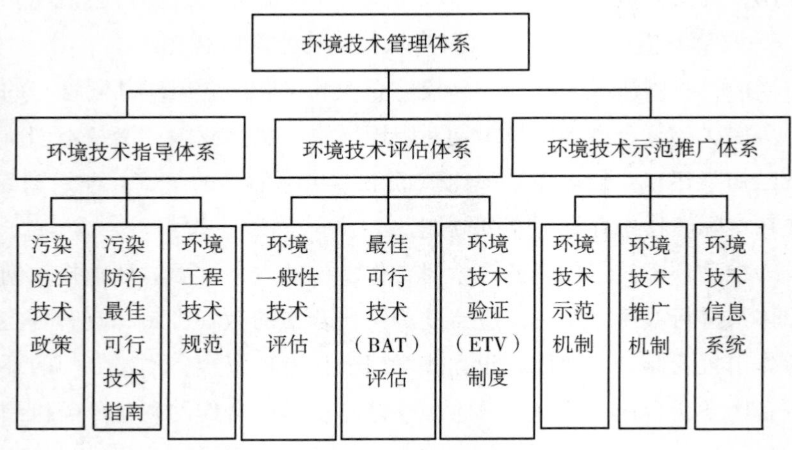

图 7-1 国家环境技术管理体系基本框架

构建完整的、科学的、系统的环境技术管理体系是一项复杂的系统工程，结合国外环境技术管理体系构建的经验，未来推进我国构建完整的、科学的、系统的环境技术管理体系，可采取以下路径。

第一，开辟资金渠道，加快推进环境技术体系建设。“十二五”期间，在环境技术管理体系专项工作推动的同时，借力国家重大水专项和环境保护公益项目，加快环境技术管理体系的建设步伐。地方环保部门每年安排一定比例的环保专项资金配套支持本辖区先进污染治理技术的示范推广。

第二，加强国际合作，促进我国环境技术管理体系建设。制定和实施《环境技术管理国际交流与合作计划》，引进、消化、吸收国际先进的管理理念、最佳可行技术和技术评估体系与方法，提高技术管理体系的科学性、实效性。

---

① 高志永等：《我国环境技术管理体系的建设进程探讨》，《环境工程技术学报》2013 年第 2 期。

第三，遵循循序渐进的原则，逐步推进环境技术管理体系的发展。国外环境技术管理体系的实践表明，其在构建自己的环境技术管理体系时，均遵循着循序渐进的原则。一般都是先在个别领域尝试开展环境技术管理的试点工作，在具备了一定的经验后，逐步完善环境技术管理政策并开展大规模的适用，最后形成系统、完善的环境技术管理体系。我国在构建环境技术管理体系时，也应结合自身实际，循序渐进。鉴于我国最佳可行技术起步较晚，发展较慢，当前必须把加快制定和颁布最佳可行技术导则作为重点任务，尽快制定最佳可行技术导则。在环境技术评估方面当前应选择一些工艺技术相对简单、技术可靠性较好、技术性能指标比较容易获得的技术和设备开展环境技术评估试点工作，不断完善技术评估的程序和管理规范。在环境技术示范推广体系建设方面，必须以《鼓励目录》和《示范名录》为抓手，加大资金力度，规范技术示范活动，促进环境技术示范推广，跟踪示范项目实施进程。①

第四，依靠大专院校、科研院所、环保产业协会和行业协会与工业企业推进环境技术管理体系建设。依靠大专院校、行业和工业企业建立若干个国家、行业和地方环境工程技术中心，参与技术指南、技术规范的制（修）定、培训；参加最佳可行技术筛选和技术示范，开展环保关键技术、技术研发成果示范推广。

8. 提升公众在环境技术创新中的地位和作用

实施环境技术创新需要公众的广泛参与，因此需要提升公众在环境技术创新中的地位和作用。目前我国公众参与环境技术创新影响评价体系不完善，主要表现在环境技术创新信息公开不全面、不及时，参与范围较窄，互动性较弱等几个方面。在环境技术创新政策的制定过程中，环境技术创新政策制定者缺乏与公众和企业及其他社会组织的有效沟通。② 提升公众在环境技术创新中的地位和作用，应建立技术创新生态化的公众参与制度，使公众对破坏环境的工程、行为有质询权和监督权；公众有一定层次的生态技术知识获取权和进行申告举报的权利与渠道。

---

① 孙宁、蒋国华、吴舜泽：《国家环境技术管理体系实施现状与政策建议》，《环境保护》2010 年第 15 期。

② 王丽萍：《中国环境技术创新政策体系研究》，《理论月刊》2013 年第 12 期。

第三节　创新地方政府协同治理跨界和城乡环境污染

一　建立强有力的区域环境合作治理网络

1. 我国区域环境合作治理实践及成效

近年来，流域环境污染和水事纠纷事件反复出现。为了解决跨界水污染事件，一是尝试在行政区划之外成立区域性的环保机构，统一环境管理权；二是在现行行政区划之间合作协同治理污染和开发水资源。区域性的环保机构设置方面，国家层面，《水法》和《水污染防治法》确立了流域管理模式，对区域性环境行政管理机构作出了规定；地方层面，主要是省际生态区域划分以及生态经济建设示范区机构的设置。近几年，浙江、吉林等省在省际生态区域划分以及生态经济建设示范区机构的设置方面进行了尝试。

除了设置区域性环境行政管理机构之外，我国地方政府开始寻求环境治理和水资源的协商合作，并形成一定机制。例如，2000 年年底，浙江义乌和东阳两地政府签订了有偿转让用水权的协议；2003 年 11 月，海河流域内八省、自治区、直辖市的水利厅在天津共同签订《海河流域水协作宣言》；2004 年 6 月，《长江三角洲区域环境合作倡议书》获得通过，珠江三角洲地区通过签订《泛珠三角区域环境保护合作协议》《泛珠三角区域环境保护合作专项规范（2005 —2010）》，建立了泛珠三角区域环境保护合作联席会议制、珠江污染信息通报制度和跨省级行政区河流跨界污染联防联治机制。我国区域环境合作治理的成效主要表现在以下方面。

（1）跨区域环境合作治理网络建设制度有所创新

区域经济的发展和区域环境的恶化使得地方政府之间的合作日益密切，原有的地方政府合作机制无法解决暴露出来的区域环境问题，因此需要进行制度创新。目前主要体现在以下几方面。

第一，治水首创“河长制”。“河长制”，是指由“河长”负责本辖区内的河流污染治理，“河长”由各级地方政府的党政一把手担任。它以河流水质的改善来问责主要领导人，是环保问责制衍生出来的水污染治理制度，是为了创造一种良好的生态环境，保持河清水洁、岸绿鱼游。通过实施河长制，让无人监管、污染严重的河流治理变成悬在“河长”们头顶上的达摩克利斯之剑。[①]“河长制”本着以“治湖先治水，治水先治河，治河先治污，治污先治人，治人先治官”为原则，实质上是行政问责制在跨行政区流域水污染治理中的具体应用，是地方政府跨区域环境合作治理网络建设的创新之举。由于太湖流域水质持续恶化，加之 2007 年太湖蓝藻暴发事件，江苏省无锡市首创了“河长制”，党政的主要领导人分别担任了 64 条河流的“河长”，实行此项制度后，河流断面的水质有了显著的变化。以无锡市为例，此制度实施之前，79 个考核断面的达标率只有 53.2%，实施“河长制”后，达标率达到了 71.1%。[②]“河长制”的成功，关键在于地方政府主要领导要为流域的污染担责，领导的前途与此密切相关，使得地方政府治理区域环境的积极性提高了，环保问责也不再是走过场，停留在口号中了。

第二，建立生态补偿机制。生态补偿机制是指以经济激励为主，以“污染者付费、受益者付费和破坏者付费”为原则的环境经济政策，主要是在区域性生态保护和区域环境污染防治领域中实施。

“源头活水出新安，百转千回下钱塘”，一条河流会流经多个行政区域。新安江位于安徽省黄山市境内，干流总长 359 千米。新安江年均出境水量为 60 多亿立方米，约占千岛湖年均入库水量的 70%。2011 年，新安江试点实施由我国财政部、原环保部牵头组织的首个跨省流域生态补偿机制，总补偿资金为每年 5 亿，中央财政资金占 3 亿，安徽省和浙江省各占 1 亿。《实施方案》中明确规定：根据地表水中的氨氮、总磷、高锰酸盐指数等作为指标，以每年的年平均浓度值为基本限值，以 2008 年到 2010 年三年间的平均值测算补偿指数。各指标测算以 1 作为基准，若水质监测指标大于 1，意味着水质差，由安徽补偿浙江 1 亿元，否则相反。[③] 目前，新安江江面变清了、网箱不见了，源头水可直接应用，而千岛湖的水质也保持良好，成为浙江省及华东地区水质最好的大型水库，也使得下游及长

① 《“河长制”》，http：//news. sohu. com/20140904/n404072069. shtml。

② 《多了一个官衔增加了一份责任，无锡河长制带来了什么?》，http：//www. envir. gov. cn/info/2008/7/71019. htm。

③ 《首个跨省流域生态补偿机制试点 3 年，新安江净了》，http：//hj. ce. cn/gdxw/201412/12/t20141212_ 2165470. shtml。

三角地区的水资源得到了保障。新安江的水质变好的结果正验证了我国生态补偿机制试点的成效。

以上的试点经验表明，要改善流域水质的环境，各地方政府可以自主协商，实现流域内上下游之间、各地方政府之间的激励相容与友好合作。一方面，生态补偿机制提高了上游地区保护区域生态环境的积极性；另一方面，它确定了横向财政转移支付时的补偿标准，防止了各地方政府谈判中的机会主义。

（2）跨区域环境合作治理法制建设逐渐完善

为了统筹解决跨区域、跨流域生态环境问题，原国家环保总局在2002年开始试点创立中央直管的区域环境监督机构，2007年在全国设立了华东、华南、华中、东北、西北、西南、华北七大区域环境督查中心；2002年国内的几大主要河流设立流域管理机构，2017年全面推行河长制、湖长制；面对以雾霾污染为主的重污染天气，2014年修订的《环境保护法》、2015年修订的《大气污染防治法》在法律层面首次确立了区域大气污染联防联控机制。另外，在中央的统一协调管理下，全国人大、中央政府及有关部门制定并完善了一些关于跨区域环境合作治理的法律、法规、规章、意见等，为全国的跨区域环境合作治理提供了整体的思路和方向，但我国跨区域环境合作治理的法律存在纰漏，例如无具体合作方式、权利职能界限不明确、具体的责任方不确定等。

（3）跨区域环境政府合作治理形式多样化

我国地方政府为了解决日益突出的跨区域环境问题，各地方政府进行了多样化形式的合作。主要有以下几种。

第一，区域环保联防联控协调机制。2008年北京奥运会期间，原环保部与北京、天津、河北、陕西、内蒙古和山东省市及各协办城市建立了大气污染区域联防联控机制，最终实现了空气质量全部达标。[①] 2010上海世博会期间，江浙沪两省一市的环保部门编制并启动了“长三角区域环境空气质量保障联防联控措施”，整个区域内空气优良率达到了98.7%。

第二，建立区域环保监控网络。2005年，香港特别行政区环境保护

① 《建立大气污染联防联控机制健全环境管理体系》，http://www.chinanews.com/ny/2010/07-27/2428229.shtml。

署与广东省环境监测中心共同建立了粤港珠江三角洲区域空气监控网络。[①] 粤港两地政府每日计算及发布区域空气质量指数。2014 年，澳门也加入了珠三角区域环境监测网络，三地的大气监测站点增至 23 个。

第三，区域环境执法联动机制。为妥善处理跨界污染纠纷事件，重庆市与接壤的四个省份建立了区域环境执法联动机制；重庆市与湖南、贵州两省联合开展区域环境执法行动，有效遏制了该地区的污染。[②]

2. 我国区域环境合作治理的困境分析

我国区域环境合作治理的网络建设虽已取得了部分成效，但总体来说环境在恶化，区域环境合作治理在全国的环境治理中尚处于起步阶段，存在诸多困境，主要表现为以下几点。

（1）区域环境管理体制不合理

我国环境管理是一种条块分割的模式，其直接导致了区域环境保护机构和职能的分散，给区域环境管理造成了许多问题。

第一，条块分割，诸侯分治。环境是一个整体，无法切割，可以通过环境介质相互影响、相互转换。一个地区的环境污染可以通过环境介质（河流、风向、海洋等）、信息传播、经济往来和人员沟通等渠道扩散到下风向、下游或其他的行政区域。即使每个地方都是依法排放污染物，资源开发利用也是合法合标准的，但累积作用仍然可能引起新的区域环境污染。况且我国的环境管理体制不合理，以行政区域管理为主，各省区、各部门在防治污染上还是各自为战，在经济发展与环境保护的天平上，缺乏长远的战略眼光，环境投入总是处于失衡状态，即便投入部分资金去治理环境，由于缺少统一规划综合管理，并未取得明显效果。在一个区域内，众多地方政府间因掌握资源量的差异、行政级别的不同，所以相互之间的依赖程度也不相同。纵向上，不同的行政级别决定了各级地方政府掌握资源的不同。横向上，各个省区的经济发展水平也不相同。珠江流域上、中、下游的经济发展差距不断扩大，水资源分配、贫富差距与经济援助、限制开发与生态补偿等区域性公共问题叠加，这在一定程度上影响了地方

① 《粤港珠江三角洲区域监测报告》，http://politics.people.com.cn/BIG5/1025/3114437.html。

② 《湘渝黔交界“锰三角”污染整治通过验收》，http://unn.people.com.cn/BIGS/8538822.html。

政府在环境治理中的行为策略。此种条块分割、诸侯分治的环境治理模式，会造成经济相对落后的地方政府没有资金来进行环境污染治理，更谈不上购买先进的环保设施，引入先进的环保技术。而经济实力雄厚的省份即使花费大量资金用于环保事业，但由于环境污染的负外部性，其他地区污染排入，很难改善本区的环境。

第二，权限不明，职能不清。首先是条条权限不明，央地关系失衡。生态环境部具有“指导和协调解决各地方、各部门以及跨地区、跨流域的重大环境问题；协调省际环境污染纠纷；调查处理重大环境污染事故和生态破坏事件；组织和协调国家重点流域水污染防治工作”的职责。生态环境部的协调职能一般是条条联系，通过其下属的各省级环保局来展开工作。由此可见，生态环境部实质上是处于环保权力链的最顶端，从省级到市县级，它可以通过对纵向各类资源的控制来约束地方环保局。而地方环保局一方面要向环保部要执法的专业资源，一方面又要向省级政府要生存资源，处境艰难。可见，环保部与省级政府部门之间协调工作的难度远远超出了部委间的协调。

其次是块块职能不清，追责困难。区域环境作为一种公共产品，在治理的过程中，由于地方政府作为一个理性的“经济人”，在区域环境合作治理中，很容易寄希望于“搭便车”，不断追求自身效益的最大化。很多地方政府都希望分享环境治理的成果、参加环境资源集体消费，但不愿分担环境治理的成本、不对环境资源的保护作出贡献，地方政府间的横向协作机制难以达成，职能不清，结果必然导致区域环境的持续恶化。例如，无锡蓝藻事件，事实十分清楚，但太湖被污染该由谁来承担责任，却十分模糊。不只是各地方政府间职能不清，地方政府各部门之间环保职能也很混乱，主要表现为环境管理部门与其他相关职能部门的职能交叉与重叠，导致相关职能部门间“责权利”的不统一，争权不断，推责有余。

第三，唯 GDP 论，执行赤字。长期以来，我国都是中央和上级政府掌控着重要资源，尤其是稀缺资源，例如项目、资金、政治升迁和政治荣誉等。改革开放以来，我国一直以经济建设为中心，同时，经过多年人事制度的改革变迁，逐渐形成了以 GDP 为导向的地方治理绩效评估机制，而上级政府对下级政府的行为信息无法完全掌握，只能将任务进行刚性分解并吩咐下级政府按此要求去完成，这就决定了地方政府对完成目标任务的追逐。因此，地方官员为了追求在自身任期的政绩最大化，实行了短期化的行为策略，上级领导显而易见的政绩工程、面子工程、形象工程如雨后春笋般涌现，而这些只注重了 GDP 和财政收入的增长，往往忽视了环境的保护。甚至有的地方政府由于财政收入少，无力提供环境等公共产品，在政绩竞争中也处于劣势，唯有通过“招商引资”来吸引企业注入资金，不顾环保政策，侵害当地民众利益，对企业的污染行为开辟绿色通道，包庇纵容企业明显的一些违法行为，导致了环保执行赤字。

（2）区域环境合作治理的相关立法不完善

我国《宪法》及相关法律只是规定了中央和地方关系、各级地方政府职权等内容，没有对地方政府之间横向关系的协调、合作、跨区域事务的处理等问题作出相关的规定。当前国内还没有《政府间关系协调法》或《政府间合作法》。《水法》《环境保护法》《水污染防治法》等现行法律法规在推进水生态文明建设上还存在交叉和空白点。另外我国还未建立起完整的水资源补偿的法规体系，缺乏水资源补偿的综合性立法或专项立法。2015 年，大气污染的区域协同治理和联防联控作为一种新的大气环境管理机制被国家提上日程。目前，跨行政区域环境污染联防联控治理以地方政府的横向协作为主要形式，主要表现为地方政府以“行政协议”为纽带的区域发展论坛、区域联席会议等制度形式，如《长江三角洲区域环境合作倡议书》《泛珠三角区域环境保护合作协议》等。地方政府环境污染联防联控治理协议是一种承诺，协议各方彼此的信任程度是非常重要的。横向地方政府间的信任可以降低达成协议和执行协议的成本、降低合作中的不确定性并避免地方政府间冲突。在地方政府合作法缺失、跨行政区地方政府之间不存在行政隶属关系、地方政府间行政协议缺乏约束力的情况下，地方政府间环境污染联防联控治理协议面临伊琳诺·奥斯特罗姆所说的“公共池塘”资源使用中的可信承诺难题。无论是长三角还是泛珠三角等区域合作地区，行政协议的缔约机关消极不履行甚至公然违约的现象屡见不鲜。

（3）区域环境合作治理相关主体参与不足

一个区域内环境的好坏，不仅有府际合作、政府各部门之间的合作，还涉及企业、非营利组织及公民个人。在我国区域环境合作治理过程中，一向以政府主导模式为主，企业、非营利组织及公民个人参与严重不足。

第一，在区域环境合作治理的整个过程中，大多数企业始终处于被动服从的位置，很少能主动参与到环境治理政策的制定中去，主动去治理环境。加之区域环境是一种公共产品，具有非竞争性，企业的主要目的是赚取利润，很难以较低的成本去提供区域环境这类公共产品，甚至企业会漠视、规避甚至违反法律和政策的规定。

第二，我国的非营利组织是一种“双重管理”，它的活动处处受到约束，经费方面的困难和不足在很大程度上制约了非营利组织的发展。我国环保组织的发展也不例外。

第三，我国公民参与环保事业的程度仍然处于象征性的参与阶段，并未达到实质性的参与。我国公民对自身的环境问题较为关心，但是对环境问题的解决却往往表现出“政府依赖性”。

3. 建立强有力的区域环境合作治理网络的对策

为有效解决生态环境治理难题尤其是治理跨行政区域环境污染，产生了网络治理模式的需求。生态环境网络治理的一个重要特征是，多元主体在追求公共利益过程中，在多元主体广泛参与基础之上的协商民主政治中，形成良性互动的和谐关系。当前我国建立强有力的区域环境合作治理网络，可从以下方面着手①。

第一，完善跨区域环境治理地方政府合作的法制体系。首先要从组织法和行政法的角度制定有关政府合作的法律法规。制定专门性跨区域合作法、修改与完善相关的法律与制度，促进法律衔接。当前亟须制定地方政府间合作的法律法规，并注重对地方政府间恶性竞争和违约责任的监督惩罚措施的制定；全面分析和梳理《水法》《环境保护法》《水污染防治法》等现行法律法规，对相互冲突、不协调的法律法规进行修订或予以废止，对竞争行为进行规制；尽快出台《水资源补偿条例》，在条例的基础上进一步出台《水资源生态补偿法》。其次，增强联防联控治理中所形成的规则、共识、约定、协议等软法的效力。为推动跨行政区地方政府环境污染联防联控治理协议的有效履行、破解“可信承诺”难题，亟须构建跨行政区地方政府环境污染联防联控治理可信承诺机制，即需要建立跨

① 肖建华、秦立春：《两型社会建设中府际非合作与治理》，《湖南师范大学社会科学学报》2011 年第 2 期。

行政区地方政府内在的诚信自觉制度、建立健全跨行政区地方政府环境污染联防联控协议条款规范制度、完善跨行政区地方政府环境污染联防联控协议履行纠纷解决制度和完善跨行政区地方政府环境污染联防联控协议履行监督约束机制。

第二，建立合作行政，转变地方政府关系模式。地方政府跨区域的合作实际是一个长期利益和短期利益的博弈。因此，要促使地方政府走出利益博弈的困境，首先必须从上级政府尤其是中央那里寻求突破口，形成良好的约束激励机制，对地方政府的利益博弈进行引导。中央应建立高层级的协调组织机构，建立完善的区域环境质量监测体系等。比方说，可以成立国务院环境保护协调委员会，也可以简称国务院环境委员会，主任可由一位副总理兼任，成员是各部部长。

第三，在地方也应设立专门的环境协调委员会，主任可由当地主管环保的副省长、副市长、副县长担任，成员则由各级政府的各局局长担任。协调委员会可就环保中的协调事项展开充分讨论和论证，最后可以投票的形式对协调事项作出表决，而表决具有强制执行力（当然，重大事项提交省、市政府集体讨论，但也必须作出决定）。另外，表决的结果必须交上一级环保部门备案，并由该上级环保部门监督执行。这样，协调委员会在协调地方的环境管理事务时可以发挥很大的作用。

第四，形成制度化、多层次的环境合作组织体系。强有力的组织机构是跨区域地方政府合作机制发挥作用的关键。由各省政府牵头建立区域环境治理的权威协调机构，如流域污染管理委员会，以法规方式明确其职能，委员会经费由参与合作的地方政府财政专项资金划拨。管理委员会根据工作的实际需要可以下设分区或支流的污染治理管理机构，改变单一的垂直管理，区域、流域协调管理与垂直管理相结合。

第五，培育区域环境合作治理的社会自治力量。在区域环境合作治理的网络建设中，政府应该给予社会环境自治力量最初的资源支持，例如信任、知识、技术、信息等基本要素，开拓社会环境自治力量的成长空间，并引导监督其健康发展。首先，政府应降低企业进入区域环境合作治理的门槛，并利用经济杠杆激励企业积极参与区域环境的治理，例如降息、补贴等，引入市场的力量降低行政成本。其次，政府应制定让环保等非营利组织参与环保方面政策制定的一系列规范，例如拓宽参与渠道、足够的经费支持等，让环保组织有真正的发言权。最后，加强环保观念的宣传，提高全社会公民的环保意识，使得人人参与环保。由此，并可形成政府、企业、非营利组织及公民个人相互依赖、相互合作的区域环境合作治理网络。

第六，建立地方政府间横向协调管理机制，具体包括：（1）信息通报机制。地方政府间横向合作需要加强有效的信息互动。信息上的沟通有助于区域内污染问题的预控，减少治理成本。（2）跨区域突发环境事件应急协作联动机制。（3）区域生态补偿机制。（4）建立较为统一的区域政府间合作政策体系。这些政策包括地方政府职能分工政策、产业布局政策、环境公共投资政策、生态补偿政策等。（5）完善地方政府间环境合作治理的监督和约束机制。

二　建构我国城乡环境同治的政府引导机制

为推动我国城乡环境同治，在结合当前农村环保形势和国家宏观政策导向的基础上，今后一段时期建构我国城乡环境同治的政府引导机制，建议着重推进以下六个方面的工作。

1. 在城镇化与工业化进程中统筹城乡环境保护

在城镇化与工业化进程中统筹城乡环境保护，首先要求完善现有的农村土地制度，增强农民的自主决策权。其次要求制定城乡环境保护规划，把村镇环境建设纳入城乡发展总体规划中。最后要求发展生态产业，以环境保护优化城乡经济发展。

（1）完善现有的农村土地制度，增强农民的自主决策权

城乡分治的制度从根本上造成了农村居民的收入、可利用资源和生存质量都远低于城市居民。把农村作为表面上光鲜美好的城市的“藏污纳垢”之所，这是城乡分治制度下自觉与不自觉的安排，从而导致污染企业迁往农村，城市垃圾丢弃、堆放、填埋在农村。在现有的土地制度之下，农村居民既不能真正行使土地所有权人的权利，更缺少组织起来维护自己环境权利的能力，只能成为环境污染、生态恶化的最大受害者。可见，要使农村环境污染、生态恶化的局面有所改观，关键是建立农民土地所有权或农民农用土地永久使用权制度以及农村土地与国家土地“同地同价”“同地同权”的制度。同时还应建立国家对农用地、生态保护地永

久不能改作他用、不得置换的制度。随着这些制度的建立，农民才能成为民法意义上的所有权人，才能作出自己的自主决策，才能从根本上保护农村的资源和环境，才能增加农民的收入，逐步缩小城乡差距。

（2）制定城乡环境保护规划，探索城乡一体化垃圾处置模式

统筹城乡发展规划，推进城乡规划建设一体化是国内外城乡一体化发展的经验之一。美国在战后初期，实施了农场政策和农场家计政策，持续推动了美国农村地区进步。德国通过开展城乡“等值化”建设，建立城乡均衡发展的协调机制，实现农村的可持续发展。江浙地区是中国城镇化和工业化最为迅速的地区，这些地区以规划一体化为突破口打破二元地域分割，引导城乡空间有序融合。在城乡环保协同发展方面，近年来，这些地区以生态文明建设一体化为支持打破二元环保体制，注重城乡环境共同改善。例如，浙江省城乡环境一体化治理是通过城乡一体化和新农村建设来实施的。一是制定城乡一体环境保护规划，把村镇环境建设纳入城乡发展总体规划中，将环境基础设施和管理体系向农村延伸。二是在新农村建设中，坚持“财政投入向农村倾斜、基础设施向农村延伸、公共服务向农村覆盖”的政策。

为了打破原有城乡分割的规划模式，地处中部的湖南省攸县以统筹城乡资源、优化发展空间、实现城乡一体化为目标，建立了覆盖城乡的新规划体系。攸县城乡环境治理得好，探索了一个独特的“四分模式”：分区包干、分散处理、分级投入、分期考核，从而解决了农村垃圾难题。

（3）发展生态产业，以环境保护优化城乡经济发展

统筹城乡产业发展，推进城乡经济发展一体化是国内外城乡一体化发展的经验之一。例如，美国通过工业化、城市化和农业现代化的良性循环，促进农业等基础产业较快发展，反过来又促进了工业、城市化的发展。中国在实现工业化、城镇化、现代化的过程中，已经付出了较高的生态代价。多数中西部地区或者是东部地区中的落后地区工业化和城镇化水平不高，但这些地区生态环境相对较好。这些地区因地制宜，发展特色产业，取得了城乡一体化的可喜成绩。例如，成都市锦江区“三圣花乡”以文化提升产业、以旅游致富农民、以产业支撑农业，促进传统农业向休闲经济发展，培植生态产业，实现可持续发展。浙江遂昌走在了世界生态农业发展的前头，提出发展原生态精品农业，致力打造“中国的洁净乡

村”，非常值得借鉴。

2. 增加政府在农村环保领域的资金投入

统筹基础设施建设，推进城乡公共服务一体化是国内外城乡一体化发展的经验之一。例如，第二次世界大战后日本政府为农业发展提供的科技服务、农业基础设施改善了农业发展的软硬环境，为统筹城乡发展奠定良好的前提条件。与城市不同，我国农村环境管理和污染治理既缺乏财政来源，也缺乏筹资对象。可喜的是，党中央、国务院高度重视农村环境保护工作。2008 年召开了首次全国农村环境保护工作电视电话会议，并把农村环境综合整治摆在更加突出和重要的位置。借鉴发达国家的成功经验，我国中央及地方政府逐步加大财政资金的专项转移支付力度，加强农业和农村环保的基础设施建设与农村环境综合整治。江浙经济发达地区地方政府近几年加大农村环保投入，制定农村环境综合整治扶持政策。同时，运用市场机制吸引社会资金参与农村环境基础设施建设和运营管理。

3. 尽快完善农村环保法律法规体系

我国现行的法规和政策在农业环境资源保护上存在着严重的缺位和错位主要表现在以下几个方面。

（1）农村环境法律体系尚未建立

改革开放以来，我国环境法制快速发展。目前，我国出台的有关农业污染防治和农村环境保护的法律共有 20 多部，国务院及各部委颁布并实施的相关行政法规和规章有数十部，然而专门制定关于农村环境污染防治的各类法律、法规和规章寥寥无几。截至 2007 年 9 月，原国家环保总局发布的环境保护标准（现行有效）共计 1026 项，然而与农村环境保护相关的仅为 18 项。[①] 有学者认为，现有的规范性文件中几乎没有专门针对农村环境保护的，即使涉及农村环境保护的各类规定，也未充分考虑到在农村的具体适用情况。另外，涉及农村环境保护的具体行为规则大多出于效力不定的国务院文件或效力较低的部门规章。另外，外来物种入侵防治、畜禽养殖污染防治、土壤污染防治、面源污染防治、区域性农村污水排放标准和垃圾分类收集与无害化填埋标准、物种遗传资源保护等方面的立法基本上属于空白区域。

---

① 陈懿：《对完善中国农村环境法制的建议》，《世界环境》2008 年第 5 期。

（2）有机农业、生态农业、休闲农业发展方面法律体系不完善

国外对有机农业都有比较完善的法律法规，这为有机农产品的标准制定、产品的质量检验检测、质量认证、信息服务等纷纭复杂的工作建立了统一的法律规范。我国在有机农业发展方面虽然出台了有机农业生产标准和认证标准，但缺乏健全的有机农产品法律法规体系。由于缺乏健全的有机农产品法律法规以及市场监管的手段不够完善，力度不够大，没有形成规范有序的市场体系。部分有机产品存在质量隐患，有机认证的规范性亟待加强，有机认证的公信度有待提高。

生态农业发展方面，目前规范我国生态农业发展的制度一方面出现在各级政府的红头文件、工作报告和会议文件中，另一方面散见于《环境保护法》《农业法》《农产品质量安全法》《土地管理法》《基本农田保护条例》等法律法规之中。这些规定除了《生态农业示范区建设技术规范（试行）》等指导性文件外，并不是专门针对生态农业发展的，只是涉及生态农业或与生态农业相关的规则。这些规定在宏观上对发展生态农业没有统一的指导思想，在微观上没有具体可行的发展生态农业的实际措施。

休闲农业发展方面，由于缺乏统一的管理规范和标准，很多地方开展的农业旅游项目服务设施不健全、卫生不合格、安全有隐患、服务无标准，管理混乱无序，严重影响了休闲农业的持续健康发展。

为了实现农业生产的资源节约以及农业生产与自然环境之间的和谐共处，实现农业与其他产业之间的全面协调可持续发展，建议完善我国农村资源环境保护法制。具体说来，完善农村资源环境保护法制建设包括三部分内容：一是对现有国家有关农村环境保护与污染治理的法律法规进行修订，并在相关立法中增设农村资源环境保护的相关立法内容。如修改《环境影响评价法》，规定县级人民政府所作乡村规划也应进行环境影响评价；修改《清洁生产法》，加大对农业及乡镇企业清洁生产的扶持力度；修改有关行政组织法，明确乡镇政府的环境保护职责等。对《环境保护法》《农业法》等相关立法进行全面修订，可以实现新制度与旧制度的有效衔接与协调，有利于节约立法资源，保证立法体系建构的科学性与内部协调，减少不必要的立法重复以及可能出现的立法冲突。

二是结合农村环境污染特征和生态建设要求，建立和补充现有国家法律中缺失的相关法规、条例。首先要制定一部切合中国实际的、内容科学

详细的《生态农业法》，以此作为我国发展生态农业的基本依据。其次要出台配套实施《土壤污染防治法》的政策法规。我国污染土壤修复工作起步较晚，虽然国家层面出台了相关法律法规，《土壤污染防治法》于2019年1月1日起施行，但实施的配套政策法规还未出台，相关法律条款和条文均以原则性、概括性为主，缺乏可操作性。目前，国内还没有关于土壤污染修复和赔偿的专门性法律法规，对企业的约束力不够、对责任者的震慑也不强。为贯彻落实《土壤污染防治法》，当前亟须制定《污染责任与损害赔偿法》。除此之外，应协调衔接《大气污染防治法》《固体废物污染环境防治法》《水污染防治法》等相关法律，还应及时修订完善《农业法》《土地管理法》《基本农田保护条例》《农药安全使用标准》《农用泥污中污染物控制标准》《土壤环境质量标准》等相关法律中关于耕地土壤保护与污染防治的内容，构建农业清洁生产制度，真正实现耕地土壤污染防治系统化。

三是制定和完善农村生态环境保护的环境标准，如《生态农业发展的技术和认证标准》《食品安全检测标准》《食品市场准入标准》《农村工业废水、废气及固体废弃物排放标准》《规模化畜禽养殖场的建设标准》《农村饮用水源地水质标准》《无公害农产品质量认定标准》《转基因生物环境风险评估标准》《垃圾分类收集与无害化填埋标准》《农村生态环境质量评价技术规范》《规划环境影响评价技术导则——农业》《清洁生产审核指南——畜牧业》等。

4. 完善环境经济政策，引导农民采用“两型”农业生产方式

随着我国向环境中投放的农药和化肥越来越多，其负面效应也越来越大。最大的负面效应就是对土地和水资源的严重污染与伤害。当前中国农业的发展面临严峻的资源环境约束，如何用后现代理念引领中国农业可持续发展已成为迫切需要研究解决的重大现实问题。党的十六大明确提出了建设现代农业的重大任务，党的十六届五中全会进一步提出了推进现代农业建设的新要求，党的十七届三中全会提出到2020年全国农村改革发展的基本目标之一是基本形成资源节约型、环境友好型农业生产体系。

资源节约型、环境友好型农业能否有效推广和实施，取决于国家有关“两型”农业发展的政策法律以及参与主体的态度和行为。农户、农业企业是“两型”农业有效实施的最关键主体之一。围绕发展“两型”农业

构建一系列相互配套、切实有效的法律法规和政策体系可形成有效的激励机制，引导“两型”农业的健康发展，改变农户和农业企业的农业生产经营行为。农户和农业企业，其行为态度主要取决于发展“两型”农业所带来的收益与为此付出成本的比较。因此，在“两型”农业的激励机制方面要凸显市场机制的推动作用。即通过制定发展“两型”农业的价格、财税、信贷等政策，运用经济杠杆调节参与主体的行为。

（1）财政支农和补贴的“两型”激励

当前，我国已经开始进入工业“反哺”农业，城市带动乡村的发展阶段，应该通过完善国家财政支农制度，确保中央财政支农资金的增长速度不低于经常性财政支出增长速度。为此，未来需要加强中央层面的财政支农工作立法，对资金规模、来源、投入结构等作出详尽规定，从而使中央财政支农政策长效化、规范化，实现财政支农的可持续性。众所周知，我国财政支农资金的主体在地方政府，但是以产值、速度为目标的地方政府政绩考核制度具有鼓励地方政府将财政资金投向非农生产领域的偏好。由此看来，只有从根本上改变传统的地方政府政绩考核制度，突出农业发展、农民收入增加和城乡差距缩小的考核目标才能激发地方政府增加财政支农资金。同时，为了解决政府财政支农资金的不足，政府可以在农业投资中释放充分的市场信号，加强引导，营造农业投资的盈利环境，积极探索以市场机制为基础的新的农业投融资机制，鼓励和吸引民间及国外资本进入农业投资领域。针对我国财政支农投入结构存在的问题，学术界认为可采取以下措施优化投入结构①：一是精简管理机构，压缩事业费支出，使支农资金更多用于农业发展的实际需求。二是压缩流通领域补贴，加强农业基础投资。三是在未来的财政支农资金使用中，应更多地向农业科研投资倾斜。

（2）农业生态补偿和生态税的“两型”激励

我国已开展了退耕还林还草、保护性耕作等补偿试点示范，取得了一定的成效，但对于农民采取减少施用农药、化肥以及节水灌溉等资源节约型和环境友好型生产措施方面的补偿政策体系并没有建立起来。建立健全

① 马智宇、周小平、卢艳霞：《我国财政支农存在的问题与对策》，《经济纵横》2011年第4期。

农业生态补偿制度，是德国、美国等发达国家的普遍做法，符合世界贸易组织农业协议绿箱政策。当前建立健全我国农业生态补偿政策体系可从以下方面着手：一是完善农业生态补偿的法律法规体系，对各利益相关者权利义务责任、补偿内容、方式和标准加以明确。二是完善与健全生态补偿组织体系，今后要在国家财政转移支付项目中增加对农业生态环境的保护和建设的补偿。制定分类指导政策，增加对重要农业生态建设领域的补贴力度。同时充分利用市场机制来推动生态补偿政策的实施进程，调动地方政府和公众参与农业生态补偿的积极性。三是应坚持以项目（政府）补贴为主导，以农民自愿为前提，以农民专业合作社、骨干农户为主要补偿对象，以技物结合为主要补偿形式的补偿策略。四是建立提升农田地力生态补偿机制、中国特色草原生态补偿机制、定期休渔禁渔生态补偿机制和农产品质量安全补偿机制，同时建立农业面源污染全程监管防控体系。

（3）“两型”农业的金融激励

农村金融一直是我国金融体系中的薄弱环节，目前在大多数农村地区，农民普遍面临融资难的问题。农民融资难影响“两型”农业生产体系建设中农村基础设施的改善、农业经营规模的扩大以及农业产业链的延长。要发挥农村金融对“两型”农业的激励作用，亟须化解农户融资难题，完善农村金融支持政策。当前应将绿色信贷政策向农村和农业领域加以扩展。

5. 建立农村环保实用技术研发和推广体系

资源节约型、环境友好型农业技术的发展需要建立农村环保实用技术研发和推广体系。当前可从以下方面着手：一是加强农村环境保护基础科学研究，设置一批国家科研攻关项目，解决农村水土复合污染治理技术、连片村庄污染治理技术、村镇地下水源污染防控技术等污染治理关键技术难题。二是积极推动农村环保科技创新，重点研究、开发和推广农村面源污染防治、农业废弃物综合利用、农村生活污水和垃圾处理等方面的实用技术。三是建立农村环保适用技术发布制度。

6. 加强农村环境监管和教育培训

加强农村环境监管，当前需积极推动环保机构向县以下延伸，加大环境监督执法力度。尽快建立全国农村环境监测体系，加强人口稠密地区和基本农田、农村饮用水水源地等重点区域的环境监测。

加强农村环境教育培训，使农户和农业企业树立“两型”农业生产理念，有意识地、自愿主动地采用“两型”农业生产方式，使他们逐渐养成节约资源和保护环境的自觉性，同时拥有发展“两型”农业的知识和技能。除了向农户和农业企业进行“两型”农业的宣教外，还应通过向农户和农业企业讲解有关“两型”农业的各项政策和法律法规，建立示范区，指导农民科学使用化肥农药、提高农业水土资源利用效率、开展有机农产品生产。

结　语

一　研究结论

本书深入分析了中国地方政府环境治理能力提升的路径依赖困境，借鉴国内外地方政府环境治理能力提升的经验，结合转型时期中国地方的实际情况，提出中国地方政府环境治理能力提升的路径选择，这对解决中国目前的环保困局有着重要的实践意义，同时开拓了地方政府学研究尤其是地方政府能力研究中的一个新领域。

本书系统提出有关地方政府环境治理能力的要素及理论框架，进一步完善了地方行政学理论和地方政府能力理论，其中不乏诸多原创性的观点。本书创造性地提出地方政府环境治理能力的内涵，认为地方政府环境治理能力是指地方政府在生态环境治理的过程中所实际拥有的能量和能力。然后，系统研究有关地方政府环境治理能力的要素、影响因素及理论基础等理论问题。原创性地提出地方政府环境治理能力是一个复杂的、系统的观点，并将地方政府环境治理能力的要素归结为制度供给能力、环境监管能力、环境公共服务提供能力、多中心合作共治能力。首次系统性地将地方政府环境治理能力的影响因素归结为七个方面：地方政府环境责任意识、地方政府环境权能、地方政府环境政策工具、府际环境合作、环境社会资本、企业环境责任、环境技术创新。原创性地提出地方政府环境治理能力的理论基础，即治理与善治理论、“多中心”治理理论、社会资本理论、协商民主理论、“第三条”道路理论、政策网络理论、博弈理论。

地方政府能力虽然是一个不新的话题，但地方政府能力的量化评价却不多。为此，本书试图寻找和建立一个较为科学的定性描述和定量分析有机结合的指标体系，并以此来测量和评价地方政府环境治理能力的状况，从而对地方政府环境治理能力水平作出恰当、准确的评估和比较。本项目运用DEA分析方法对中国31个省（自治区、直辖市）地方政府环境治理能力进行实证评价。

本书借鉴国内外地方政府环境治理能力提升的经验，结合转型时期中国地方的实际情况，提出中国地方政府环境治理能力提升的路径选择。首先是树立生态政治战略，培育生态价值观。其次是针对改革开放以来中国地方政府环境治理能力提升面临的路径依赖困境，一一提出破解对策，即建立地方政府环境责任考核评估与追究体系；建立环境财政制度，完善地方政府的环保投融资机制；改革环境管理体制，提升地方政府环境监管权能；倡导公众和企业合作参与环境治理；建立强有力的区域环境合作治理网络；组合选择符合地方实际的环境政策工具；建构我国城乡环境同治的政府引导机制；构建完善的环境技术创新政策体系。

二　研究不足

本书以我国省、市、县、乡地方政府为主要考察论域，以广义政府为研究对象。除了对改革开放以来中国地方政府的环境治理能力进行了定性和定量描述，本书还围绕当前环境状况及环境治理工作的评价、地方政府环境治理能力的制约因素、提升地方政府环境治理能力的对策建议方面设计问卷并展开调查。调查区域覆盖东、中、西部省区，东部省区选取江苏省、广东省，中部选取湖南省、湖北省，西部选取云南省、甘肃省。每一个省区的调查覆盖城市和农村地区。由于经费和时间的限制，问卷调查难以覆盖我国省、市、县、乡各级地方政府。

地方政府环境治理能力提升的经验借鉴，主要有国外经验借鉴和国内经验借鉴。国外经验方面以美国、日本、英国、德国等西方发达国家为考察对象，由于资料收集的困难，难以考察国外发展中国家的相关经验。国内经验方面，改革开放以来地方政府环境管理创新的实践一直在进行且亮点纷呈，不过，对所有地方政府环境管理创新与实践进行详细的、深入的描述是不可能的。本项目选取湖南、浙江、江苏、广东等省份的环境管理创新案例进行研究，难以全面描述地方政府环境管理创新实践。

另外东、中、西部省级地方政府环境治理能力及市、县、乡地方政府环境治理能力的现状、路径依赖困境有何不同？如何提出有针对性地提升地方政府环境治理能力的对策？这些是本书尚需深入研究的问题。

附录　地方政府环境治理能力问卷调查

亲爱的朋友：您好！

为了解当前我国地方政府环境治理能力的现状，探讨提升我国地方政府环境治理能力的思路，本课题组启动“地方政府环境治理能力调查问卷”，向您征求地方政府环境治理能力现状及如何提升我国地方政府环境治理能力的看法，为我国环境友好型社会建设建言献策。调查采用不记名方式，您的回答，仅为宏观分析所用，并按“统计法”予以保密，希望您能大力协助，将您的真实情况、想法和意见反映出来。请您在选择答案的序号上画“√”即可，除了要求排序的题目之外，每个题目您只需选择一个答案。

谢谢您的合作！

为了联系方便，烦请您填写下面联系表：

姓名		电话		地址	
单位		职务		职业	

1. 您认为您所在的地方政府领导重视环境保护吗？________

（1）很不重视　（2）不重视　（3）较重视　（4）很重视

2. 您认为地方政府环境治理能力最主要体现在哪？________（请选三项并按重要性排序）

（1）制定环保法规　（2）建设环保基础设施

（3）鼓励和支持环保技术开发　（4）加强环保监管

（5）加强公众环保教育　（6）推动企业合作治理环境

（7）其他（请说明）________

3. 您认为当前我国地方政府环境治理能力怎样？________

（1）很弱　（2）较弱　（3）一般　（4）较强

（5）强

4. 您认为当前我国地方政府环境治理能力的制约因素最主要是什么？________（请选三项并按重要性排序）

（1）地方政府领导的漠视　（2）环境管理体制的弊端

（3）地方财力有限　（4）环境执法不力

（5）环境污染的历史欠账太多　（6）公众环保参与不够

（7）企业的不配合　（8）法规制度不完善

（9）其他（请说明）________

5. 您认为当前我国地方政府环保部门的监管能力怎样？________

（1）很弱　（2）较弱　（3）一般　（4）较强

（5）强

6. 您认为当前制约我国地方政府环保部门监管能力的原因是什么？________（请选三项并按重要性排序）

（1）环保部门的人、财、物仰仗地方政府

（2）环保部门人员素质不高

（3）环保部门监测设备落后

（4）环保部门执法者的腐败

（5）环保法规制度不完善

（6）其他（请说明）________

7. 您对您居住的城区环境状况满意吗？________

（1）满意　（2）较满意　（3）不太满意　（4）不满意

8. 您对您居住的农村环境状况满意吗？________

（1）满意　（2）较满意　（3）不太满意　（4）不满意

9. 您认为治理跨行政区的生态环境问题的最大障碍是什么？________

（1）地方行政区之间的不合作　（2）中央政府的协调不力

（3）跨行政区的组织体制不完善　（4）其他（请说明）________

10. 您认为导致我国生态环境恶化的罪魁祸首是谁？________

（1）中央政府　（2）地方政府　（3）污染企业　（4）公众

11. 根据您的观察，这些年来，您居住地所在城区的环境（如空气、水、噪声、绿化、卫生等），总的说来有没有什么变化？________

（1）环境由好变坏了　　（2）环境一直不好

（3）环境一直较好　　（4）环境由坏变好了

（5）其他（请说明）________

12. 根据您的观察，这些年来，您居住地所在农村的环境（如空气、水、噪声、绿化、卫生等），总的说来有没有什么变化？________

（1）环境由好变坏了　　（2）环境一直不好

（3）环境一直较好　　（4）环境由坏变好了

（5）其他（请说明）________

13. 您认为以下哪个方面是造成城市环境问题的主要原因？________（请选三项并按重要性排序）

（1）法律法规不健全

（2）政府对环境问题重视程度不够、执法不严

（3）各种企业、组织不合法

（4）消费快速增长

（5）企业只注重自身发展而忽视环保

（6）经济发展过快

14. 您认为政府、企业、个人和社会团体在保护环境方面的责任有多大？责任最大的是________责任较大的是________责任不大的是________

（1）责任最大	①政府	②企业	③个人	④社会团体
（2）责任较大	①政府	②企业	③个人	④社会团体
（3）责任不大	①政府	②企业	③个人	④社会团体

15. 您认为提升地方政府环境治理能力最主要是靠什么？（请选三项并按重要性排序）________

（1）增加环境保护方面的投入

（2）加强环境保护宣传

（3）提高环境部门的执法能力

（4）科学技术进步

（5）企业环境管理制度的改革和完善

（6）环境法制法规建设

（7）政府领导的真正重视

（8）公民自发的环境保护运动

（9）其他（请说明）________

16. 要增加人们的环境知识，您认为采取什么方式最好？________

（1）社区的宣传教育　　　　（2）各种形式的街头宣传

（3）单位或学校的宣传教育　　（4）组织参与环保公益劳动或活动

（5）各种新闻媒体的宣传

17. 对于您周围人们的环境保护意识，您的评价是________

（1）几乎没有　（2）非常弱　（3）较弱　（4）较强

（5）很强

18. 您认为近些年来，您居住所在城区的环境保护工作做得怎么样？________

（1）只重视经济发展，忽视了环保

（2）重视不够，环保投入不足

（3）虽尽了努力，但效果不佳

（4）尽了很大努力，有一定效果

（5）取得了很大成绩

19. 您认为近些年来，您居住所在农村的环境保护工作做得怎么样？________

（1）只重视经济发展，忽视了环保

（2）重视不够，环保投入不足

（3）虽尽了努力，但效果不佳

（4）尽了很大努力，有一定效果

（5）取得了很大成绩

20. 您认为近些年来，您居住区的企业环境保护工作做得怎么样？

（1）只重视经济发展，忽视了环保

（2）重视不够，环保投入不足

（3）虽尽了努力，但效果不佳

（4）尽了很大努力，有一定效果

（5）取得了很大成绩

参考文献

一　中文著作

［美］阿尔文·托夫勒：《第三次浪潮》，朱志焱、潘琪、张森译，生活·读书·新知三联书店 1983 年版。

［美］埃莉诺·奥斯特罗姆：《公共事物的治理之道——集体行动制度的演进》，余逊达、陈旭东译，上海三联书店 2000 年版。

［美］芭芭拉·沃德、勒内·杜博斯：《只有一个地球》，国外公害丛书编委会译校，吉林人民出版社 1997 年版。

［美］保罗·R. 伯特尼、罗伯特·N. 史蒂文斯：《环境保护的公共政策》，穆贤清、方志伟译，上海三联书店 2006 年版。

［美］查尔斯·J. 福克斯、休·T. 米勒：《后现代公共行政——话语指向》，楚艳红、曹沁颖、吴巧林译，中国人民大学出版社 2002 年版。

［美］查尔斯·沃尔夫：《市场或政府——权衡两种不完善的选择》，谢旭译，中国发展出版社 1994 年版。

陈坤：《从直接管制到民主协商——长江流域水污染防治立法协调与法制环境建设研究》，复旦大学出版社 2011 年版。

［美］丹尼尔·A. 科尔曼：《生态政治：建设一个绿色社会》，梅俊杰译，上海译文出版社 2006 年版。

［美］戴维·奥斯本、特德·盖布勒：《改革政府：企业精神如何改革着公共部门》，周敦仁等译，上海译文出版社 1996 年版。

［美］丹尼斯·缪斯：《公共选择》，张军译，上海三联书店 1993 年版。

［美］丹尼尔·F. 史普博：《管制与市场》，余晖等译，上海三联书店 1999 年版。

［美］盖伊·彼得斯：《政府未来的治理模式》，吴爱明、夏宏图译，张成福校，中国人民大学出版社 2001 年版。

［美］盖伊·彼得斯、弗兰斯·冯尼斯潘：《公共政策工具：对公共管理工具的评价》，顾建光译，中国人民大学出版社 2006 年版。

胡若隐：《从地方分治到参与共治》，北京大学出版社 2012 年版。

［德］柯武刚、史漫飞：《制度经济学：社会秩序与公共政策》，韩朝华译，商务印书馆 2000 年版。

［美］罗伯特·阿格拉诺夫、迈克尔·麦圭尔：《协作性公共管理：地方政府新战略》，李玲玲、鄞益奋译，北京大学出版社 2007 年版。

［美］罗伯特·帕特南：《使民主运转起来》，王列等译，江西人民出版社 2001 年版。

［英］洛克：《政府论》（下篇），叶启芳、瞿菊农译，商务印书馆 1964 年版。

［美］蕾切尔·卡逊：《寂静的春天》，吕瑞兰、李长生译，吉林人民出版社 1997 年版。

李挚萍：《环境法的新发展——管制与民主之互动》，人民法院出版社 2006 年版。

鲁明中：《中国环境生态学——中国人口、经济与生态环境关系初探》，气象出版社 1994 年版。

［美］麦克尔·巴泽雷：《突破官僚制：政府管理的新愿景》，孔宪遂、王磊、刘忠慧译，中国人民大学出版社 2002 年版。

［美］迈克尔·豪利特、M. 拉米什：《公共政策研究：政策循环与政策子系统》，庞诗等译，上海三联书店 2006 年版。

［美］迈克尔·麦金尼斯：《多中心治道与发展》，毛寿龙译，上海三联书店 2000 年版。

欧祝平、肖建华、郭雄伟：《环境行政管理学》，中国林业出版社 2004 年版。

钱箭星：《生态环境治理之道》，中国环境科学出版社 2008 年版。

齐晔等：《中国环境监管体制研究》，上海三联书店 2008 年版。

曲格平：《梦想与期待：中国环境保护的过去与未来》，中国环境科学出版社 2004 年版。

[法] 让-皮埃尔·戈丹：《何谓治理》，钟震宇译，社会科学文献出版社 2010 年版。

荣敬本、崔之元等：《从压力型体制向民主合作体制的转变——县乡两级政治体制改革》，中央编译出版社 1998 年版。

施雪华：《政府权能理论》，浙江人民出版社 1998 年版。

世界银行：《1997 年世界发展报告：变革世界中的政府》，中国财政经济出版社 1998 年版。

世界银行：《1998—1999 年世界发展报告：知识与发展》，中国财政经济出版社 1999 年版。

[瑞典] 托马斯·思德纳：《环境与自然资源管理的政策工具》，张蔚文、黄祖辉译，上海人民出版社 2005 年版。

[德] 托马斯·海贝勒、[德] 迪特·格鲁诺、李惠斌：《中国与德国的环境治理：比较的视角》，杨惠颖等译，中央编译出版社 2012 年版。

陶希东：《中国跨界区域管理：理论与实践探索》，上海社会科学院出版社 2010 年版。

王绍光、胡鞍刚：《中国国家能力报告》，辽宁人民出版社 1993 年版。

汪劲：《环保法治三十年：我们成功了吗？中国环保法治蓝皮书（1979—2010 年）》，北京大学出版社 2011 年版。

夏光：《环境政策创新——环境政策的经济分析》，中国环境科学出版社 2002 年版。

肖建华、赵运林、傅晓华：《走向多中心合作的生态环境治理研究》，湖南人民出版社 2010 年版。

肖建华：《生态环境政策工具的治道变革》，知识产权出版社 2009 年版。

[美] 约瑟夫·斯蒂格里兹：《政府经济学》，曾强，何志坤等译，春秋出版社 1998 年版。

杨华：《中国环境保护政策研究》，中国财政经济出版社 2007 年版。

俞可平：《治理与善治》，社会科学文献出版社 2000 年版。

[美] 约翰·E. 托伯曼：《创新理念管理》，方海萍、魏清江等译，电子工业出版社 2004 年版。

[美] 约翰·W. 金登：《议程、备选方案与公共政策》（第二版），丁煌、方兴译，中国人民大学出版社 2004 年版。

杨雪冬、赖海榕：《地方的复兴：地方治理改革三十年》，社会科学文献出版社 2009 年版。

[日] 岩佐茂：《环境的思想——环境保护与马克思主义的结合处》，韩立新、张桂权、刘荣华等译，中央编译出版社 2006 年版。

张国庆：《行政管理学概论》，北京大学出版社 2002 年版。

周黎安：《转型中的地方政府：官员激励与治理》，上海人民出版社 2008 年版。

[美] 詹姆斯·A. 道：《发展经济学的革命》，黄祖辉、蒋文华译，上海三联书店 2000 年版。

[美] 詹姆斯·N. 罗西瑙：《没有政府的治理》，张胜军、刘小林等译，江西人民出版社 2001 年版。

周亚越：《行政问责制研究》，中国检察出版社 2006 年版。

中国环境年鉴编委会：《中国环境年鉴》，中国环境科学出版社 1990 年版。

中国环境年鉴编委会：《中国环境年鉴》，中国环境科学出版社 1996 年版。

张建伟：《政府环境责任论》，中国环境科学出版社 2008 年版。

周训芳：《环境权论》，法律出版社 2004 年版。

二 中文论文

[英] 阿拉斯戴尔·麦克比恩：《中国的环境：问题与政策》，李平摘译，《国外理论动态》2008 年第 6 期。

[美] 阿伦罗森鲍姆：《比较视野中的分权：建立有效的、民主的地方治理的一些经验》，赵勇译，《上海行政学院学报》2004 年第 5 期。

白永秀、李伟：《我国环境管理体制改革的 30 年回顾》，《中国城市经济》2009 年第 1 期。

曹宏、安秀伟：《中国环境 NGO 的发展及其环保实践能力分析》，《山东社会科学》2012 年第 9 期。

陈炳水：《政府能力初论》，《浙江社会科学》1998 年第 3 期。

陈国权：《政府能力的有限性与政府机构改革》，《求索》1999 年第 4 期。

陈家刚：《生态文明与协商民主》，《当代世界与社会主义》2006 年第 2 期。

陈润羊、花明：《我国环境保护中的公众参与问题研究》，《广州环境科学》2006 年第 3 期。

陈潭、肖建华：《地方治理研究：西方经验与本土路径》，《中南大学学报》（社会科学版）2010 年第 1 期。

陈懿：《对完善中国农村环境法制的建议》，《世界环境》2008 年第 5 期。

董邦俊、邹博：《中国环境保护现状及强化保护策略分析》，《江西科技师范大学学报》2014 年第 4 期。

董文福：《“十一五”期间中国 COD 减排情况分析》，《环境污染与防治》2010 年第 6 期。

杜钢建：《政府能力建设与规制能力评估》，《政治学研究》2000 年第 2 期。

方世南：《环境友好型社会与政府的环境责任》，《马克思主义研究》2007 年第 7 期。

冯俏彬：《政府管理与支持社会组织的国际经验及对我国的启示》，《财政研究》2013 年第 7 期。

高军、杜学文：《宪政视野中的当代中国环境危机》，《武汉理工大学学报》（社会科学版）2008 年第 2 期。

高历红、李山梅：《企业环境信息披露新趋势：独立环境报告》，《环境保护》2007 年第 4 期。

高小平：《落实科学发展观　加强生态行政管理》，《中国行政管理》2004 年第 5 期。

高志谦、王平心：《企业环境报告：西方的经验及其对我们的启示》，《生态经济》2007 年第 4 期。

高志永等：《我国环境技术管理体系的建设进程探讨》，《环境工程技术学报》2013 年第 2 期。

郭朝先：《我国环境管制发展的新趋势》，《经济研究参考》2007 年第 27 期。

国冬梅:《环境管理体制改革的国际经验》,《环境保护》2008 年第 4 期。

贺燕、王启军:《论我国环境保护的公众参与问题》,《环境科学动态》2002 年第 2 期。

洪大用:《我国城乡二元控制体系与环境问题》,《中国人民大学学报》2000 年第 1 期。

胡洪彬:《社会资本视角下的生态文明建设路径》,《北京工业大学学报》(社会科学版)2009 年第 4 期。

胡静:《地方政府环境责任冲突及其化解》,《河北法学》2008 年第 3 期。

胡若隐:《地方行政分割与流域水污染治理悖论分析》,《环境保护》2006 年第 3 期。

黄俊、陈扬、翟浩淼:《企业环境伦理对于可持续发展绩效的影响:主动性环境管理的前因和后果》,《经济管理》2011 年第 11 期。

金三林:《环境税收的国际经验与我国环境税的基本构想》,《经济研究参考》2007 年第 58 期。

金太军:《政府职能与政府能力》,《中国行政管理》1998 年第 12 期。

金太军、汪波:《经济转型与我国中央—地方关系制度变迁》,《管理世界》2003 年第 6 期。

鞠靖:《给基层环保官员更大空间——一位资深省环保局局长的 15 年心历》,《南方周末》2007 年 3 月 22 日。

孔繁斌:《论民主治理中的合作行为——议题建构及其解释》,《社会科学研究》2009 年第 2 期。

蓝文艺:《环境行政责任缺失纵深分析——为建立环境行政执法责任制所进行的环境行政责任缺失调研报告》,《环境科学与管理》2007 年第 4 期。

郎友兴:《走向共赢的格局:中国环境治理与地方政府跨区域合作》,《宁波党校学报》2007 年第 2 期。

雷鸣、秦普丰:《中国农村生态环境现状与可持续发展对策》,《环境科学与管理》2006 年第 9 期。

李艳芳：《论环境权及其与生存权和发展权的关系》，《中国人民大学学报》2000 年第 5 期。

李金龙、胡均民：《西方国家生态环境管理大部制改革及对我国的启示》，《中国行政管理》2013 年第 5 期。

李金龙、游高端：《地方政府环境治理能力提升的路径依赖与创新》，《求实》2009 年第 2 期。

李名升等：《“十一五”期间中国环境质量变化特点及压力分析》，《环境科学与管理》2011 年第 10 期。

李挚萍：《20 世纪政府环境管制的三个演进时代》，《学术研究》2005 年第 6 期。

李挚萍：《社会转型中农民环境权益的保护——以广东省为例》，《中山大学学报》（社会科学版）2007 年第 4 期。

［韩］李周炯：《中国环境政策执行存在的问题及对策》，《国家行政学院学报》2009 年第 4 期。

林梅：《环境可持续发展中的公众参与——以加拿大为例》，《马克思主义与现实》2010 年第 1 期。

刘厚风、张春楠：《区域性环境污染的自治理机制设计与分析》，《人文地理》2001 年第 1 期。

刘世军：《现代化过程中的政府能力》，《中共福建省委党校学报》1997 年第 2 期。

刘兆征：《当前农村环境问题分析》，《农业经济问题》2009 年第 3 期。

吕永龙等：《我国环境技术创新的影响因素与应对策略》，《环境污染治理技术与设备》2000 年第 5 期。

［法］玛丽-克劳德·斯莫茨：《治理在国际关系中的正确运用》，肖孝毛译，《国际社会科学杂志》（中文版）1999 年第 1 期。

马强等：《我国跨行政区环境管理协调机制建设的策略研究》，《中国人口·资源与环境》2008 年第 5 期。

马士国：《环境规制工具的选择与实施：一个述评》，《世界经济文汇》2008 年第 3 期。

马晓河：《渐进式改革 30 年：经验与未来》，《中国改革》2008 年第 9 期。

马晓明、易志斌：《网络治理：区域环境污染治理的路径选择》，《南京社会科学》2009 年第 7 期。

马智宇、周小平、卢艳霞：《我国财政支农存在的问题与对策》，《经济纵横》2011 年第 4 期。

孟伟：《美国 NGO 组织发展的经验与借鉴》，《特区实践与理论》2009 年第 3 期。

齐晔、张凌云：《"绿色 GDP" 在干部考核中的适用性分析》，《中国行政管理》2007 年第 12 期。

秦立春、谢宜章：《两型社会建设中企业环境友好行为的引导路径》，《江西社会科学》2014 年第 6 期。

秦颖、徐光：《环境政策工具的变迁及其发展趋势探讨》，《改革与战略》2007 年第 12 期。

曲格平：《中国的工业化与环境保护》，《战略与管理》1998 年第 2 期。

冉冉：《"压力型体制" 下的政治激励与地方环境治理》，《经济社会体制比较》2013 年第 3 期。

任保平：《可持续发展：非正式制度安排视角的反思与阐释》，《陕西师范大学学报》（哲学社会科学版）2002 年第 2 期。

任丙强：《西方环境决策中的公众参与：机制、特点及其评价》，《行政论坛》2011 年第 1 期。

任志宏、赵细康：《公共治理新模式与环境治理方式的创新》，《学术研究》2006 年第 9 期。

沈建国、沈佳坤：《国外非政府组织发展经验与借鉴》，《人民论坛》2015 年第 3 期。

施祖麟、毕亮亮：《我国跨行政区河流域水污染治理管理机制的研究——以江浙边界水污染治理为例》，《中国人口·资源与环境》2009 年第 3 期。

宋国君、韩冬梅、王军霞：《完善基层环境监管体制机制的思路》，《环境保护》2010 年第 13 期。

宋海鸥:《美国生态环境保护机制及其启示》,《科技管理研究》2014年第14期。

苏明、刘军民、张洁:《促进环境保护的公共财政政策研究》,《财政研究》2008年第7期。

孙柏瑛、李卓青:《政策网络治理:公共治理的新途径》,《中国行政管理》2008年第5期。

唐冀平、曾贤刚:《我国地方政府环境管理体制深陷利益博弈》,《环境经济》2009年第3期。

唐文玉:《合作治理:权威型合作与民主型合作》,《武汉大学学报》(哲学社会科学版)2011年第6期。

田春秀:《全球环境管理的现状与展望》,《环境保护》2003年第11期。

王津等:《环境NGO——中国环保领域的崛起力量》,《广州大学学报》(社会科学版)2007年第2期。

王丽萍:《中国环境技术创新政策体系研究》,《理论月刊》2013年第12期。

王洛忠、刘金发:《中国政府治理模式创新的目标与路径》,《理论前沿》2007年第6期。

王曦:《论新时期完善我国环境法制的战略突破口》,《上海交通大学学报》(哲学社会科学版)2009年第2期。

王小军:《美国排污权交易实践对我国的启示》,《科技进步与对策》2008年第5期。

汪永成:《中国现代化进程的政府能力——国内学术界关于政府能力研究的现状与展望》,《政治学研究》2001年第4期。

吴家庆、徐容雅:《地方政府能力刍议》,《湖南师范大学社会科学学报》2004年第2期。

吴舜泽、逯元堂、金坦:《县级环境监管能力建设主要问题与应对措施》,《环境保护》2010年第13期。

肖建华:《两型社会建设中多中心合作治理的困境及建构》,《环境保护》2012年第10期。

肖建华:《参与式治理视角下地方政府环境管理创新》,《中国行政管理》2012 年第 5 期。

肖建华、陈思航：《中英雾霾防治对比分析》，《中南林业科技大学学报》（社会科学版）2015 年第 2 期。

肖建华、邓集文：《生态环境治理的困境及克服》，《云南行政学院学报》2007 年第 1 期。

肖建华、邓集文：《多中心合作治理：环境公共管理的发展方向》，《林业经济问题》2007 年第 1 期。

肖建华、秦立春：《两型社会建设中府际非合作与治理》，《湖南师范大学社会科学学报》2011 年第 2 期。

肖建华、乌东峰：《两型农业：必要的乌托邦》，《农业考古》2013 年第 4 期。

肖建华、游高端：《地方政府环境治理能力刍议》，《天津行政学院学报》2011 年第 10 期。

肖建华、游高端：《生态环境政策工具的发展与选择策略》，《理论导刊》2011 年第 7 期。

肖韶峰：《低碳经济发展：非正式制度安排视角的阐释》，《中南民族大学学报》（人文社会科学版）2012 年第 1 期。

肖魏、钱箭星：《环境治理中的政府行为》，《复旦学报》（社会科学版）2003 年第 3 期。

解振华：《中国的环境问题和环境政策》，《中国软科学》1994 年第 10 期。

辛向阳：《政府职能的国际比较》，《社会科学》1994 年第 1 期。

许庆明：《试析环境问题上的政府失灵》，《管理世界》2001 年第 5 期。

［法］雅克・舍瓦利埃：《治理：一个新的国家范式》，张春颖、马京鹏摘译，《国家行政学院学报》2010 年第 1 期。

杨海生、陈少凌、周永章：《地方政府竞争与环境政策——来自中国省份数据的证据》，《南方经济》2008 年第 6 期。

杨雪冬：《吉登斯论“第三条道路”》，《国外理论动态》1999 年第 2 期。

叶兴庆：《2007 年：现代农业瞄准三大着力点》，《半月谈》2007 年第1期。

[美] 伊丽莎白·伊科诺米：《中国环境保护的实施情况》，程仁桃摘译，《国外理论动态》2007年第4期。

虞崇胜、张继兰：《环境理性主义抑或环境民主主义——对中国环境治理价值取向的反思》，《行政论坛》2014年第5期。

于建嵘：《当前农村环境污染冲突的主要特征及对策》，《世界环境》2008年第1期。

余晓泓：《日本企业的环境经营》，《环境保护》2003年第9期。

岳凯敏：《治理语境下的中国政府能力》，《宝鸡文理学院学报》（社会科学版）2005年第3期。

臧乃康：《多中心理论与长三角区域公共治理合作机制》，《中国行政管理》2006年第5期。

曾贤刚：《地方政府环境管理体制分析》，《教学与研究》2009年第1期。

张春英：《中央政府、地方政府、企业关于环境污染的博弈分析》，《天津行政学院学报》2008年第6期。

张钢、徐贤春：《地方政府能力的评价与规划——以浙江省11个城市为例》，《政治学研究》2005年第2期。

张厚美：《基层环保"弱"在何处?》，《环境保护》2009年第15期。

张紧跟、庄文嘉：《从行政性治理到多元共治：当代中国环境治理的转型思考》，《中共宁波市委党校学报》2008年第6期。

张晓：《中国环境政策的总体评价》，《中国社会科学》1999年第3期。

张晓慧：《西方国际关系理论思潮专题之五——"第三条道路"理论》，《国际资料信息》2002年第11期。

张玉林、顾金土：《环境污染背景下的"三农"问题》，《战略与管理》2003年第3期。

张元友、叶军：《我国环境保护多中心政府管制结构的构建》，《重庆社会科学》2006年第8期。

张志耀等：《跨行政区环境污染产生的原因及防治对策》，《中国人口·资源与环境》2001年第11期。

赵宝菊：《论“环境友好型企业”的历史演进》，《科学学与科学技术管理》2007 年第 12 期。

赵细康等：《环境库兹涅茨曲线及在中国的检验》，《南开经济研究》2005 年第 3 期。

周宏春、季曦：《改革开放三十年中国环境保护政策演变》，《南京大学学报》（哲学人文科学社会科学）2009 年第 1 期。

周平：《县级政府能力的构成和评估》，《思想战线》2002 年第 2 期。

朱德米：《地方政府与企业环境治理合作关系的形成：以太湖流域水污染防治为例》，《上海行政学院学报》2010 年第 1 期。

邹再进、张继良：《中国地方政府能力评价研究》，《云南财贸学院学报》2005 年第 10 期。

三　学位论文类

陈一航：《提升地方政府环境治理能力面临的挑战及其对策研究》，硕士学位论文，湖南师范大学，2013 年。

黄晓云：《生态政治理论体系研究》，博士学位论文，华中师范大学，2007 年。

胡佳：《跨行政区环境治理中的地方政府协作研究》，博士学位论文，复旦大学，2010 年。

罗文君：《论我国地方政府履行环保职能的激励机制》，博士学位论文，上海交通大学，2012 年。

李蔚军：《美、日、英三国环境治理比较研究及其对中国的启示——体制、政策与行动》，硕士学位论文，复旦大学，2008 年。

雷光宇：《国外资源价格形成机制探究》，硕士学位论文，河北大学，2011 年。

孙加秀：《二元结构背景下城乡环境保护统筹与协调发展研究》，博士学位论文，西南财经大学，2009 年。

肖建华：《两型农业生产体系建设政府引导机制研究》，博士学位论文，湖南农业大学，2013 年。

游高端：《环境友好型社会建设中地方政府环境治理能力研究》，硕士学位论文，湖南大学，2009 年。

杨晓龙：《江苏省环境保护投融资体制改革研究》，硕士学位论文，上海交通大学，2008 年。

四 外文文献

B. Guy Peters and Frans K. M. Van Nispen, *Public Policy Instruments*, Edward Elgar, 1998.

Eran Vigoda, "From Responsiveness to Collaboration Governance: Citizens, and the Next Generation of Public Administration", *Public Administration Review*, Vol.62, No.5, Sep.-Oct.2002.

HarrietBulkeley, "Down to Earth: Local Government and Greenhouse Policy in Australia", *Australian Geographer*, 31 (3).

Hockenstein J.B., Robert N.S., Bradley W., "Creating the Next Generation of Market based Environmental Tools.Environment", 1997, 39 (4).

International Institute of Labor Studies Workshop, Participatory Governance: A New Regulatory Framework? 9-10 December, 2005, IILS, Geneva.

JonElster, *Deliberative Democracy*, London: Cambridge University Press, 1998.

Jorge M.Valadez, *Deliberative Democracy*, *Political Legitimacy*, *and Self-Democracy in Multicultural Societie*, Westview Press, 2001.

Jordan, A., R.K.W.Wurzel and A.Zito, "'New' Insturments of Environmental Govemance: Patterns and Pathways of Change", 2003 *Environmental Politics* 12.

JamesGreyson, "An Economic Instrument for Zero Waste, Economic Growth and Sustainability", *Journalof Cleaner Production*, 2007, (15).

JonathanGolub, *New Instruments for Environmental Policy in the EU*, Routledge, 1998.

Jules N.Pretty, *Regenerating agriculture: Policies and practice for sustainability*, Washington, D.C.: Jos eph Henry Press, 1995, p.208.

J.Kooiman, *Governing as Governance*, London: Sage Publication, 2003.

Lieberthal K., *China's Governing System and Its Impact on Environmental Policy Implementation China Environment Series*, Washington, D.C: Woodrow

Wilson, 1997.

Lieberthal, Kenneth G. & David M. Lampton, *Bureaucracy, Politics and Decision – Making in Post – Mao China*, Berkeley: University of California Press, 1992.

Maeve Cook, "Five Arguments for Deliberative Democracy", *Political Studies*, 2000, 48.

Mei, C. Q., *Brings the Politics Back in: Political Incentive and Policy Distortion in China*, PhD Dissertation, Maryland University, USA, 2009.

The Commission on Global Governance, *Our Global Neighbourhood: the Report of the Commission on Global Governance*, London: Oxford University Press, 1995.

五　报纸文献

邓卫华、林嵬、李泽兵:《基层治污陷怪圈:污染越重环保部门越富》,《宁夏日报》2005年7月16日。

顾瑞珍、丁可宁:《环保需要政府企业公众共同努力》,《中华工商时报》2009年2月1日。

鞠靖:《给基层环保官员更大空间——一位资深省环保局局长的15年心历》,《南方周末》2007年3月22日。

刘晓星:《政府环境责任如何化虚为实?》,《中国环境报》2013年8月22日。

孟登科:《治湘江:最沉重的河流,最尴尬的治理》,《南方周末》2009年10月14日。

苏明:《财政要提高环保投入比重》,《人民日报》(海外版)2006年6月16日。

朱志刚:《积极推进排污权交易 努力构建环境保护新机制》,《经济日报》2006年3月16日。

赵娜文:《攸县城乡同治扮靓新农村》,《中国环境报》2011年12月12日。

宗边:《环境保护部公布2010年全国环境质量状况报告》,《中国环境报》2011年1月14日。

六 网络文献

《1995 年环境状况公报》和 1997 年、2004 年《中国环境统计公报》，http：//www.mee.gov.cn/hjzl/zghjzkgb/lnzghjzkgb/。

《2008 年中国环境状况公报》，http：// www.sepa.gov.cn/plan/zkgb/2008zkgb/。

《2011 年中国环境状况公报》，http：//jcs.mep.gov.cn/hjzl/zkgb/2011zkgb/201206/t20120606_ 231057.htm。

《2014 年国民经济和社会发展统计公报》，http：//www.stats.gov.cn/tjsj/zxfb/201502/t20150226_ 685799.html。

蔡守秋：《国外加强环境法实施和执法能力建设的努力》，http：//www.riel.whu.edu.cn/article.asp？id=25917。

陈吉宁：《我国环境排污强度已超历史最高的德日》，http：//news.sohu.com/20150307/n409460582.shtml。

《地方财政承压 地方债总规模或超 12 万亿》，http：//finance.qq.com/a/20130427/001233.htm。

《东部污染企业“西进下乡”农民呼唤环保话语权》，http：//news.china.com/ zh_ cn/domestic/945/20060627/13432157.html。

《多了一个官衔增加了一份责任，无锡河长制带来了什么?》，http：//www.envir.gov.cn/info/2008/7/71019.htm。

《“河长制”》，http：//news.sohu.com/20140904/n404072069.shtml。

《环保局长忏悔信：县领导威胁我不要影响他的政绩》，http：//news.163.com/15/0324/17/ALG7P68S00014SEH.html。

《环境危机迫在眉睫》，http：//finance.sina.com.cn/g/20050527/15551631449.shtml。

《环境与发展战略转型：全球经验与中国对策》，http：//www.china.com.cn/tech/zhuanti/wyh/2008-02/26/content_ 10748068_ 7.htm。

《建立大气污染联防联控机制健全环境管理体系》，http：//www.chinanews.com/ny/2010/07-27/2428229.shtml。

《全国环境统计公报（2012）》，http：//zls.mep.gov.cn/hjtj/qghjtjgb/201311/t20131104_ 262805.htm。

《全球环境绩效指数报告（2010 年）》，http：//epi. Yale. Edu/Countries 。

《首个跨省流域生态补偿机制试点 3 年，新安江净了》，http：//hj.ce.cn/gdxw/201412/12/t20141212_ 2165470.shtml。

《通过创新建设环境友好型社会：挑战与选择》，http：// www.china.com.cn/tech/zhuanti/why/2008-02/26/content_ 10734696.htm。

《通过创新建设环境友好型社会：挑战与选择》，http：//www.china.com.cn/tech/zhuanti/wyh/2008-02/26/content_ 10734696.htm。

《推进国家环境治理体系和治理能力现代化》，http：//finance.eastmoney.com/news/1350，20150316486303842.html。

《湘渝黔交界“锰三角”污染整治通过验收》，http：//unn.people.com.cn/BIGS/8538822.html。

《寻找四千年农夫：遂昌的农耕文化与原生态农业》，http：//gotrip.zjol.com.cn/05gotrip/system/2011/06/17/017607478.shtml。

《粤港珠江三角洲区域监测报告》，http：//politics. people. com. cn/BIG5/1025/3114437.html。

《中国 10 年环保投入 4 万亿元无改观 造假被指是祸根》，http：//www.zj.xinhuanet.com/finance/2013-03/08/c_ 114946370.htm。

《中国 29 城市水质报告：48%存在不合格情况》，http：//env.people.com.cn/n/2015/0305/c1010-26639350.html。

《中国生态农业的研发与实践》，http：//www.sdny.gov.cn/art/2008/9/4/art_ 621_ 34580.html。

后　记

本书系国家社科基金课题“改革开放以来中国地方政府环境治理能力研究”的研究成果。改革开放以来中国在实现宏观经济快速持续增长方面取得了令世人瞩目的成就，但伴随而来的生态环境恶化与经济发展之间的两难冲突也日趋激化。改革开放以来，虽然中央层面不断重视环保，地方政府对保护当地环境却并无积极性，甚至反而保护环境污染，从而致使环境法制形同虚设，使中央环境政策、措施在实施中变样走形。我国地方政府在环境治理方面为何“不作为”？为何“不当作为”？环境治理能力为何难以提升？如何提升地方政府环境治理能力？这一系列问题亟须研究并破解。2009 年正值改革开放 30 年成果总结之际，2008 年刚刚晋升副教授的我以初生牛犊不畏虎的精神斗胆申报了国家社科基金项目，在湖南大学李金龙教授、中南大学陈潭教授（现为广州大学公共管理学院院长）的指导下，不断完善修改申请书。也许是苍天不负有心人，也许是命运之神的眷顾，提交申请书之后根本没抱希望，居然获得了国家社科基金课题的立项。国家社科基金课题的成功立项，也是对我从 2003 年开始研究环境行政管理、生态政策与地方环境治理的肯定和鼓励。

获得国家社科基金课题的立项后，着手将自己多年的研究成果整理并出版，2009 年出版了《生态环境政策工具的治道变革》、2010 年出版了《走向多中心合作的生态环境治理研究》。2010 年考入湖南农业大学经济学院攻读农业经济管理专业博士，毕业于云南大学政治学理论专业的硕士，跨专业攻读农业经济管理专业的博士，期间的艰辛和困境，现在回想起来，庆幸挺过来了。读博期间，参与导师主持的国家社科重大项目“资源节约型、环境友好型农业生产体系研究”的研究。读博期间既要从事国家社科基金课题的研究，又要从事博士学位论文的研究，无奈之下只好将国家社科基金课题的研究申请延期，好在博士学位论文的选题“两型农业生产体系建设政府引导机制研究”是国家社科基金课题中有关农村地方环境治理的研究领域。2013 年博士毕业后抓紧投入国家社科基金课题的研究，2016 年国家社科基金课题顺利结项。

回想起来，2009—2016 年虽然艰辛但也颇感充实、快乐。一路走来，需要感恩的人可以列一串长长的清单：感谢云南大学硕士生导师、现担任西南林业大学党委书记的张昌山教授，引领我走上学术研究之路；感谢云南大学周平教授、崔运武教授、方盛举教授等恩师的传道授业解惑；感谢中南林业科技大学党委副书记秦立春教授的提携和帮助；感谢湖南农业大学副校长曾福生教授、博士生导师乌东峰教授的不弃和培育；感谢湖南省社会科学院原院长朱有志教授对后生小老乡的关爱和指导；感谢湖南师范大学校长刘起军教授、公共管理学院副院长王敏教授的知遇之恩；感谢湖南师范大学公共管理学院领导和同事的支持和帮助；感谢广州大学公共管理学院院长陈潭教授、湖南大学公共管理学院李金龙教授的指导和支持；感谢中南林业科技大学涉外学院游高端女士积极参与国家社科基金课题的研究，完成了书稿中 5 万字的撰写。需要感恩的人太多，难以一一列举。2020 年调入湖南师范大学工作，在新的学校、新的平台、新的起点，唯有继续前行，展现新的学术成就才能不辜负各位的培养和支持。

本书为国家社科基金项目（09BZZ040）成果，受湖南师范大学政治学国内一流培育学科资助，特此致谢！当然，对本书的编辑出版，花费了大量心力的各位编辑及责任编辑梁剑琴博士，也在此一并致谢。书稿即将付梓，内心惴惴不安。鉴于笔者才疏学浅，书中错误和纰漏之处，敬请学界同人批评、指正！

2020 年 1 月 18 日

于长沙五矿万境水岸寓所

肖建华

mrsxiaoyou@ 163. com